2010—2012 年
中国农业用水报告

全国农业技术推广服务中心
农业部土壤和水重点实验室　编著

U0256206

中国农业出版社

图书在版编目（CIP）数据

2010～2012 年中国农业用水报告/全国农业技术推
广服务中心，农业部土壤和水重点实验室编著 . —北京：
中国农业出版社，2015.4
ISBN 978 - 7 - 109 - 20333 - 4

Ⅰ.①2… Ⅱ.①全… ②农… Ⅲ.①农田水利－研究
报告－中国－2010～2012 Ⅳ.①S279.2

中国版本图书馆 CIP 数据核字（2015）第 063965 号

中国农业出版社出版
（北京市朝阳区麦子店街 18 号楼）
（邮政编码 100125）
策划编辑 贺志清

中国农业出版社印刷厂印刷 新华书店北京发行所发行
2015 年 5 月第 1 版 2015 年 5 月北京第 1 次印刷

开本：850mm×1168mm 1/32 印张：5.75
字数：135 千字
定价：50.00 元
（凡本版图书出现印刷、装订错误，请向出版社发行部调换）

编　委　会

主　　编：高祥照　李保国

副 主 编：杜　森　黄　峰

编写人员：高祥照　李保国

　　　　　　杜　森　黄　峰

　　　　　　钟永红　吴　勇

　　　　　　李　影　张　赓

前　言

　　水是生命之源、生产之要、生态之基，是农业生产必不可少的基本要素。我国水资源严重紧缺，总量仅占世界6％，人均不足世界平均水平的1/4，降水时空分布不均，水土资源匹配程度偏低。随着气候变化加剧，干旱发生频率越来越高、范围越来越广、程度越来越重，干旱缺水已成为制约农业生产的瓶颈因素。大力发展节水农业，转变水资源利用方式，提高水分生产效率，已成为保障国家粮食安全、发展现代农业、促进农业可持续发展和建设生态文明的重大课题。为做好节水农业相关工作，我们在收集整理全国水资源和农业用水相关资料的基础上，编写了《2010—2012年中国农业用水报告》。

　　农业用水包括种植业、养殖业、水产业等，其中种植业是最重要的用水大户。本报告所称农业用水主要指种植业用水，其中粮食作物是指水稻、小麦、玉米、大豆，本报告中的"农田"专指播种这四大粮食作物的耕地。本报告按照全国和五大区域进行分析。华北区包括北京市、天津市、河北省、内蒙古自治区、山西省、山东省、河南省；东北区包括黑龙江省、吉林省、辽宁省；东南区包括上海市、江苏省、浙江省、安徽省、江西省、湖北省、湖南省、福建省、广东省、海南省；西南区包括重庆市、四川省、云南省、贵州省、广西壮族自治区和西藏自治区；西北区包括陕西省、甘肃省、宁夏回族自治区、青海省、新疆维吾尔自治区。受资料限制，报告未包括香港、澳门特别行政区和台湾省数据。报告所用数据时间跨度是 2010—2012 年。

本报告中，粮食生产数据来源于《中国农业统计资料2010—2012》；水资源和水利相关数据来源于《中国水资源公报 2010—2012》和《中国水利统计年鉴 2010—2012》；降水量和相关气象参数来源于中国国家气象局全国站点多年气象数据；农田耗水量根据分布式水文模型 SWAT 计算获得。

本报告由全国农业技术推广服务中心、农业部土壤和水重点实验室和中国农业大学资源与环境学院共同完成。受数据资料和计算方法限制，本报告分析结论仅供参考。

编 者

2014 年 12 月

目　　录

第三部分　2012 年中国农业用水报告

第一部分

2010 年中国农业用水报告

一、水 资 源

（一）降水量

降水是水资源和农业用水的主要来源。我国多年平均降水量为 620 毫米，全国分布不均，南方多、北方少，东部多、西部少。2010 年，全国平均年降水量 695.4 毫米，折合降水总量为 65 849.5 亿米^3，比常年多 8.2％。2010 年平均年降水量比 2009 年多 104.3 毫米，折合降水总量比 2009 年多 9 883.8 亿米^3，增加 17.7％，增加幅度较大。

2010 年全国分区降水总量变化见表 1-1。与 2009 年相比，各区域降水总量均有所增加：华北增加 579.4 亿米^3，增幅 8.5％；东北增加 795.5 亿米^3，增幅 17.0％；东南增加 4 338.3 亿米^3，增幅 25.9％；西南增加 2 836.2 亿米^3，增幅 14.1％。西北增加 1 334.4 亿米^3，增幅 17.5％。

表 1-1　2010 年全国和分区降水总量

区域	2010 年降水总量 （亿米^3）	比 2009 年变化量 （亿米^3）	比 2009 年变化率 （％）
全国	65 849.5	9 883.5	17.7
华北	7 379.6	579.4	8.5
东北	5 478.3	795.5	17.0
东南	21 112.9	4 338.3	25.9
西南	22 900.3	2 836.2	14.1
西北	8 978.4	1 334.4	17.5

2010 年全国 13 个粮食主产省降水总量变化见表 1-2。与

2009 年相比，11 个主产省降水量增加，2 个省降水总量下降。其中，河北增加 118.6 亿米³，增幅 13.7%；内蒙古增加 335.3 亿米³，增幅 12.5%；河南增加 145.5 亿米³，增幅 11.7%；山东增加 11.0 亿米³，增幅 1.0%；辽宁增加 631.4 亿米³，增幅 78.9%；吉林增加 458.1 亿米³，增幅 44.1%；安徽增加 160.3 亿米³，增幅 9.6%；江西增加 1159.0 亿米³，增幅 49.9%；湖北增加 396.0 亿米³，增幅 20.0%；湖南增加 818.2 亿米³，增幅 30.8%；四川增加 205.0 亿米³，增幅 4.7%。黑龙江减少 294.0 亿米³，减幅 10.3%；江苏减少 43.0 亿米³，减幅 4.1%。13 个粮食主产省整体上比 2009 年增加降水总量 4 101.4 亿米³，增幅 16.7%。大部分粮食主产省降水量增幅较大，有利于粮食生产。

表 1-2　2010 年粮食主产省降水总量

区域	2010 年降水总量 （亿米³）	比 2009 年变化量 （亿米³）	比 2009 年变化率 （%）
河北	987.0	118.6	13.7
内蒙古	3 014.3	335.3	12.5
河南	1 393.4	145.5	11.7
山东	1 090.9	11.0	1.0
辽宁	1 432.1	631.4	78.9
吉林	1 497.0	458.1	44.1
黑龙江	2 549.2	−294.0	−10.3
江苏	1 008.7	−43.0	−4.1
安徽	1 825.7	160.3	9.6
江西	3 482.9	1 159.0	49.9
湖北	2 378.2	396.0	20.0
湖南	3 472.7	818.2	30.8
四川	4 568.3	205.0	4.7
13 省份总计	28 700.4	4 101.4	16.7

（二）水资源总量

2010 年，全国地表水资源量为 29 797.6 亿米^3，比常年值多 11.6％；地下水资源量为 8 417.0 亿米^3，比常年值多 4.3％；地下水与地表水不重复量为 1 108.8 亿米^3，水资源总量为 30 906.4 亿米^3，比常年值多 12.5％。2010 年降水比 2009 年增加了 17.7％，相应地，水资源总量比 2009 年增加了 27.8％。

2010 年全国分区域水资源总量变化量和变化率见表 1 - 3。各区域水资源量比 2009 年都有所增加，其中华北增加 239.3 亿米^3，增幅 19.1％；东北增加 688.3 亿米^3，增幅 47.2％；东南增加 3 929.6 亿米^3，增幅 46.8％；西南增加 1 565.9 亿米^3，增幅 14.5％；西北增加 302.9 亿米^3，增幅 11.7％。总体上，水资源总量的增减和降水量增减的趋势基本一致，即降水量增加，水资源总量增加；降水量减少，水资源总量也随之减少。华北、东北、西北等干旱缺水地区水资源总量较上年均有较大幅度增加，总体对农业生产有利。

表 1 - 3 全国和分区水资源总量变化量和变化率

区域	2010 年水资源总量 （亿米^3）	比 2009 年变化量 （亿米^3）	比 2009 年变化率 （％）
全国	30 906.4	6 726.4	27.8
华北	1 495.2	239.3	19.1
东北	2 146.9	688.3	47.2
东南	12 323.8	3 929.6	46.8
西南	12 354.1	1 565.9	14.5
西北	2 586.2	302.9	11.7

2010 年全国粮食主产省水资源总量和变化率见表 1 - 4。13 个粮食主产省中，河北、黑龙江、江苏水资源总量下降，

其余省份增加。其中，内蒙古增加 10.4 亿米^3，增幅 2.8%；河南增加 206.1 亿米^3，增幅 62.7%；山东增加 24.1 亿米^3，增幅 8.5%；辽宁增加 435.7 亿米^3，增幅 254.8%；吉林增加 388.7 亿米^3，增幅 130.4%；安徽增加 189.7 亿米^3，增幅 25.9%；江西增加 1 108.6 亿米^3，增幅 95.0%；湖北增加 443.4 亿米^3，增幅 53.7%；湖南增加 506.1 亿米^3，增幅 36.1%；四川增加 243.1 亿米^3，增幅 10.4%。河北减少 2.3 亿米^3，减幅 1.6；黑龙江减少 136.1 亿米^3，减幅 13.8%；江苏减少 16.8 亿米^3，减幅 4.2%。增长最多的是辽宁和吉林，都超过 1 倍以上；其次还有江西，增长将近 1 倍，河南、湖北增长都超过 50%。

表 1-4　全国粮食主产省水资源总量变化量和变化率

区域	2010 年水资源总量 （亿米^3）	比 2009 年变化量 （亿米^3）	比 2009 年变化率 （%）
河北	138.9	-2.3	-1.6
内蒙古	388.5	10.4	2.8
河南	534.9	206.1	62.7
山东	309.1	24.1	8.5
辽宁	606.7	435.7	254.8
吉林	686.7	388.7	130.4
黑龙江	853.5	-136.1	-13.8
江苏	383.5	-16.8	-4.2
安徽	922.8	189.7	25.9
江西	2 275.5	1 108.6	95.0
湖北	1 268.7	443.4	53.7
湖南	1 906.6	506.1	36.1
四川	2 575.3	243.1	10.4
13 省份总计	12 850.7	3 400.7	36.0

综合分析表明，全国大部分粮食主产省的降水量和水资源总量变化趋势一致。但是河北降水量增加 13.7%，水资源量却减少了 1.6%。

（三）地下水资源量

2010 年，全国地下水资源总量为 8 417.2 亿米^3，比 2009 年增加 1 150.1 亿米^3，增幅 15.8%（表 1-5）。各分区地下水资源均呈增加趋势，其中华北 837.2 亿米^3，增加 31.8 亿米^3，增幅 3.8%；东北 566.6 亿米^3，增加 68.3 亿米^3，增幅 13.3%；东南 2 741.0 亿米^3，增加 540.3 亿米^3，增幅 24.6%；西南 3 018.1 亿米^3，增加 396.3 亿米^3，增幅 15.1%；西北 1 254.3 亿米^3，增加 113.4 亿米^3，增幅 9.0%。

表 1-5　2010 年全国和分区地下水资源量

区域	2010 年地下水资源量（亿米^3）	比 2009 年变化量（亿米^3）	比 2009 年变化率（%）
全国	8 417.2	1 150.1	15.8
华北	837.2	31.8	3.8
东北	566.6	68.3	13.3
东南	2 741.0	540.3	24.6
西南	3 018.1	396.3	15.1
西北	1 254.3	113.4	9.0

2010 年全国粮食主产省地下水资源量比 2009 年增加 419.2 亿米^3，增幅 13.9%。其中河北、黑龙江及江苏地下水资源量减少，其余各省地下水资源量增加（表 1-6）。内蒙古增加 13.2 亿米^3，增幅 6.2%；河南增加 26.6 亿米^3，增幅 14.1%；山东增加 0.5 亿米^3，增幅 0.3%；辽宁增加 59.2 亿米^3，增幅 67.6%；吉林增加 44.6 亿米^3，增幅 45.8%；安徽增加 12.4 亿米^3，增幅 6.7%；江西增加 173.9 亿米^3，增幅

55.6%；湖北增加 42.7 亿米³，增幅 16.2%；湖南增加 78.3
亿米³，增幅 22.3%；四川增加 15.0 亿米³，增幅 2.6%。河
北地下水资源量比 2009 年减少 9.8 亿米³，减幅 8.0%；黑龙
江减少 35.5 亿米³，减幅 11.3%；江苏减少 1.9 亿米³，减
幅 1.7%。

表 1-6　2010 年粮食主产省地下水资源量

区域	2010 年地下水资源量 （亿米³）	比 2009 年变化量 （亿米³）	比 2009 年变化率 （%）
河北	112.9	−9.8	−8.0
内蒙古	227.6	13.2	6.2
河南	214.7	26.6	14.1
山东	181.2	0.5	0.3
辽宁	146.8	59.2	67.6
吉林	141.9	44.6	45.8
黑龙江	277.9	−35.5	−11.3
江苏	108.9	−1.9	−1.7
安徽	197.8	12.4	6.7
江西	486.8	173.9	55.6
湖北	306.1	42.7	16.2
湖南	430.0	78.3	22.3
四川	595.0	15.0	2.6
13 省份总计	3 427.6	419.2	13.9

（四）广义农业水资源

广义农业水资源是指进入到耕地，能够被作物利用的总水
量，是耕地灌溉水量（称为"蓝水"）和耕地有效降水量（称
为"绿水"）之和。

2010 年，全国平均降水量 695.4 毫米，按耕地总面积

121 715.9千公顷计算，降落在耕地上的有效降水量为4 634.9亿米^3，即全国耕地所能潜在利用的"绿水"资源总量（表1-7）。2010年全国耕地灌溉量为3 317.0亿米^3，即全国耕地能够潜在利用的"蓝水"资源量。"绿水"和"蓝水"资源的总和为7 951.9亿米^3，即2010年全国广义农业水资源总量。

表1-7　2010年全国广义农业水资源量和组成

地区	年均降水量（毫米）	耕地面积（千公顷）	耕地降水量（亿米^3）	耕地灌溉量（亿米^3）	广义农业水资源量（亿米^3）
全国	695.4	121 715.9	4 634.9	3 317.0	7 951.9
北京	523.3	231.7	8.0	7.9	16.0
天津	470.4	441.1	13.5	10.7	24.3
河北	525.9	6317.3	226.7	134.6	361.3
山西	481.2	4 055.8	131.4	35.7	167.0
内蒙古	260.6	7 147.2	123.5	127.2	250.7
河南	841.7	7 926.4	338.9	114.2	453.1
山东	696.3	7 515.3	309.7	139.0	448.7
华北合计		33 634.8	1 151.8	569.2	1 721.0
辽宁	984.2	4 085.3	178.5	85.0	263.5
吉林	798.8	5 534.6	187.1	69.8	256.9
黑龙江	560.5	11 830.1	343.3	240.7	584.1
东北合计		21 450.0	709.0	395.5	1 104.5
上海	1 171.7	244.0	12.1	15.9	28.0
江苏	989.5	4 763.8	242.8	270.2	512.9
浙江	2 021.9	1 920.9	95.8	80.6	176.5
安徽	1 308.9	5 730.2	282.4	160.8	443.1
福建	2 084.3	1 330.1	72.3	91.9	164.2

（续）

地区	年均降水量 （毫米）	耕地面积 （千公顷）	耕地降水量 （亿米³）	耕地灌溉量 （亿米³）	广义农业 水资源量 （亿米³）
江西	2 086.2	2 827.1	150.5	146.9	297.4
湖北	1 279.3	4 664.1	206.9	126.6	333.5
湖南	1 639.4	3 789.4	203.8	183.8	387.6
广东	1 927.1	2 830.7	165.3	188.6	353.9
海南	2 251.8	727.5	45.5	27.6	73.1
东南合计		32 878.1	1 477.4	1 292.9	2 770.3
重庆	1 058.3	2 235.9	80.1	18.4	98.5
四川	943.4	5 947.4	177.4	118.8	296.2
贵州	1 105.9	4 485.3	182.8	50.0	232.8
云南	1 185.1	6 072.1	298.3	89.9	388.2
西藏	601.3	361.6	5.7	19.9	25.6
广西	1 580.4	4 217.5	247.5	175.8	423.1
西南合计		23 319.8	991.5	472.8	1 464.4
陕西	729.5	4 050.3	145.1	49.5	194.6
甘肃	287.6	4 658.8	79.5	89.4	168.9
青海	343.6	542.7	9.6	18.4	28.0
宁夏	293.0	1 107.1	22.4	59.6	82.0
新疆	226.9	4 124.6	48.6	369.7	418.3
西北合计		10 433.1	305.2	586.6	891.8

　　2010 年全国耕地降水总量比 2009 年增加 412.3 亿米³，增幅 9.76%。全国耕地灌溉水总量比 2009 年减少 301.5 亿米³，减幅 8.33%。广义农业水资源比 2009 年增加 112.7 亿

米³，增幅 1.41%。

　　全国及分区广义农业水资源量变化见表 1-8，除西北地区广义农业水资源总量比 2009 年略有减少外，其他区域广义农业水资源量均有不同程度的增加。

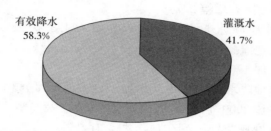

有效降水
58.3%

灌溉水
41.7%

图 1-1　2010 年全国广义农业水资源中耕地有效降水
"绿水"和耕地灌溉"蓝水"的百分比

表 1-8　2010 年全国和分区广义农业水资源量

区域	耕地降水量比 2009 年变化量（亿米³）	耕地降水量比 2009 年变化率（%）	耕地灌溉水比 2009 年变化量（亿米³）	耕地灌溉水比 2009 年变化率（%）	广义农业水资源比 2009 年变化量（亿米³）	广义农业水资源比 2009 年变化率（%）
全国	412.3	9.8	−301.5	−8.3	112.7	1.4
华北	52.1	4.7	−15.0	−2.6	37.1	2.2
东北	56.3	8.6	10.3	2.7	66.6	6.4
东南	92.1	6.6	−18.4	−1.4	73.6	2.7
西南	174.6	21.4	2.1	0.4	176.6	13.7
西北	37.2	13.9	−280.4	−32.3	−243.2	−21.4

　　华北耕地降水量比 2009 年增加 52.1 亿米³，增幅 4.7%；耕地灌溉水减少 15.0 亿米³，减幅 2.6%；广义农业水资源量增加 37.1 亿米³，增幅 2.2%。

　　东北耕地降水量比 2009 年增加 56.3 亿米³，增幅 8.6%；

耕地灌溉水比上年增加 10.3 亿米^3，增幅 2.7%；广义农业水资源量增加 66.6 亿米^3，增幅 6.4%。

东南耕地降水量比 2009 年增加 92.1 亿米^3，增幅 6.6%；耕地灌溉水减少 18.4 亿米^3，减幅 1.4%；广义农业水资源量增加 73.6 亿米^3，增幅 2.7%。

西南耕地降水量比 2009 年增加 174.6 亿米^3，增幅 21.4%；耕地灌溉水增加 2.1 亿米^3，增幅 0.4%；广义农业水资源量增加 176.6 亿米^3，增幅 13.7%。

西北耕地降水量比 2009 年增加 37.2 亿米^3，增幅 13.9%；耕地灌溉量比 2009 年减少 280.4 亿米^3，减幅 32.3%；广义农业水资源总量减少 243.2 亿米^3，减幅 21.4%。

（五）水土资源匹配

水土资源匹配是指单位耕地面积拥有的平均水资源量。本报告采用 3 种方法计算水土资源匹配：水资源总量和耕地匹配，即用水资源总量除以耕地面积；灌溉水和耕地匹配，即用灌溉水总量除以耕地面积；广义农业水资源和耕地匹配，即用广义农业水资源除以耕地面积。

2010 年全国水资源总量耕地匹配为 25 392 米^3/公顷，灌溉水量与耕地匹配为 2 727 米^3/公顷，广义农业水资源和耕地匹配为 6 533 米^3/公顷（表 1-9）。

华北耕地面积占全国 27.63%，水资源总量仅占全国的 4.84%，灌溉水量占全国 17.15%，广义农业水资源占全国的 21.64%。水资源总量与耕地匹配为 4 445 米^3/公顷，灌溉水量与耕地匹配为 1 692 米^3/公顷，广义农业水资源与耕地匹配为 5 117 米^3/公顷。

东北耕地面积占全国 17.62%，水资源总量占全国的 6.95%，灌溉水量占全国的 11.92%，广义农业水资源占全国的 13.89%。水资源总量与耕地匹配为 10 009 米^3/公顷，灌溉水量与耕地匹配为 1 844 米³/公顷，广义农业水资源与耕地匹配为 5 149 米³/公顷。

表 1 - 9 2010 年全国、省、直辖市、自治区、分区水土资源匹配情况

地区	耕地比例（%）	水资源总量比例（%）	耕地灌溉水资源比例（%）	广义农业水资源比例（%）	水资源总量与耕地匹配（米³/公顷）	耕地灌溉水量与耕地匹配（米³/公顷）	广义农业水资源与耕地匹配（米³/公顷）
全国	100	100	100	100	25 392	2 727	6 533
北京	0.19	0.07	0.24	0.20	9 970	3 422	6 892
天津	0.36	0.03	0.32	0.30	2 086	2 432	5 499
河北	5.19	0.45	4.05	4.54	2 199	2 130	5 719
山西	3.33	0.30	1.07	2.10	2 256	879	4 118
内蒙古	5.87	1.26	3.83	3.15	5 436	1 779	3 507
河南	6.51	1.73	3.44	5.70	6 748	1 440	5 716
山东	6.17	1.00	4.19	5.64	4 113	1 849	5 970
华北合计	27.63	4.84	17.15	21.64	4 445	1 692	5 117
辽宁	3.36	1.96	2.56	3.31	14 851	2 081	6 450
吉林	4.55	2.22	2.10	3.23	12 407	1 261	4 641
黑龙江	9.72	2.76	7.25	7.35	7 215	2 034	4 938
东北合计	17.62	6.95	11.92	13.89	10 009	1 844	5 149
上海	0.20	0.12	0.48	0.35	15 084	6 534	11 492
江苏	3.91	1.24	8.14	6.45	8 050	5 671	10 767
浙江	1.58	4.53	2.43	2.22	72 811	4 198	9 187
安徽	4.71	2.99	4.84	5.57	16 104	2 805	7 733
福建	1.09	5.35	2.77	2.06	124 253	6 906	12 342
江西	2.32	7.36	4.43	3.74	80 489	5 196	10 520
湖北	3.83	4.10	3.81	4.19	27 201	2 714	7 151
湖南	3.11	6.17	5.54	4.87	50 314	4 851	10 228

（续）

地区	耕地比例（%）	水资源总量比例（%）	耕地灌溉水资源比例（%）	广义农业水资源比例（%）	水资源总量与耕地匹配（米³/公顷）	耕地灌溉水量与耕地匹配（米³/公顷）	广义农业水资源与耕地匹配（米³/公顷）
广东	2.33	6.47	5.68	4.45	70 611	6 662	12 503
海南	0.60	1.55	0.83	0.92	65 951	3 800	10 048
东南合计	23.68	39.87	38.96	34.84	42 750	4 485	9 610
重庆	1.84	1.50	0.55	1.24	20 765	823	4 405
四川	4.89	8.33	3.58	3.72	43 301	1 997	4 980
贵州	3.69	3.09	1.51	2.93	21 325	1 116	5 191
云南	4.99	6.28	2.71	4.88	31 973	1 481	6 393
西藏	0.30	14.86	0.60	0.32	1 270 078	5 502	7 089
广西	3.47	5.90	5.30	5.32	43 239	4 168	10 031
西南合计	19.16	39.97	14.25	18.42	52 977	2 028	6280
陕西	3.33	1.64	1.49	2.45	12 530	1 223	4 806
甘肃	3.83	0.70	2.69	2.12	4 619	1 919	3 625
青海	0.45	2.40	0.55	0.93	136 553	3 390	5 153
宁夏	0.91	0.03	1.80	1.03	840	5 383	7 406
新疆	3.39	3.60	11.14	5.26	26 987	8 962	10 142
西北合计	11.90	8.37	17.67	11.21	17 856	4 050	6 157

　　东南耕地面积占全国 23.68%，水资源总量占全国 39.87%，灌溉水量占全国 38.96%，广义农业水资源占全国 34.84%。水资源总量与耕地匹配为 42 750 米³/公顷，灌溉水量与耕地匹配为 4 485 米³/公顷，广义农业水资源与耕地匹配为 9 610 米³/公顷。

　　西南耕地总量占全国 19.16%，水资源总量占全国 39.97%，灌溉水量占全国 14.25%，广义农业水资源占全国 18.42%。水资源总量与耕地匹配为 52 977 米³/公顷，灌溉水量与耕地匹配为 2 028 米³/公顷，广义农业水资源与耕地匹配为 6 280 米^3/公顷。

西北耕地占全国 11.90%，水资源总量仅占全国 8.37%，灌溉水量占全国 17.67%，广义农业水资源占全国 11.21%。水资源总量与耕地匹配为 17 856 米^3/公顷，灌溉水量与耕地匹配为 4 050 米^3/公顷，广义农业水资源与耕地匹配为 6 157 米^3/公顷。

从广义农业水资源与耕地匹配情况来看，华北、东北匹配程度最低，西北、西南匹配程度略有提高，东南匹配程度最高。2010 年各区域水土资源占比情况与 2009 年相比基本持平，见表 1-10。

表 1-10　2010 年各区域水土资源占比和 2009 年比较

区域	2010 年耕地面积比例（%）	2010 年水年资源量比例（%）	2010 年灌溉水比例（%）	2010 年广义农业水资源比例（%）	2009 年耕地面积比例（%）	2009 年水资源量比例（%）	2009 年灌溉水比例（%）	2009 年广义农业水资源比例（%）
华北	27.63	4.84	17.15	21.64	27.63	5.19	16.14	21.48
东北	17.62	6.95	11.92	13.89	17.62	6.03	10.64	13.24
东南	23.68	39.87	38.96	34.84	23.68	34.72	36.24	34.39
西南	19.16	39.97	14.25	18.42	19.16	44.62	13.01	16.42
西北	11.90	8.37	17.67	11.21	11.90	9.44	23.96	14.47

表 1-11　2010 年全国和分区水土资源匹配和 2009 年比较

区域	水资源总量与耕地匹配比2009 年变化量（米^3/公顷）	水资源总量与耕地匹配比2009 年变化率（%）	耕地灌溉水量与耕地匹配比2009 年变化量（米^3/公顷）	耕地灌溉水量与耕地匹配比2009 年变化率（%）	广义农业水资源与耕地匹配比 2009 年变化量（米^3/公顷）	广义农业水资源与耕地匹配比2009 年变化率（%）
全国	5526	27.82	−34	−1.23	91	1.41
华北	711	19.05	−45	−2.57	110	2.20

（续）

区域	水资源总量与耕地匹配比 2009 年变化量（米³/公顷）	水资源总量与耕地匹配比 2009 年变化率（%）	耕地灌溉水量与耕地匹配比 2009 年变化量（米³/公顷）	耕地灌溉水量与耕地匹配比 2009 年变化率（%）	广义农业水资源与耕地匹配比 2009 年变化量（米³/公顷）	广义农业水资源与耕地匹配比 2009 年变化率（%）
东北	3 209	47.19	48	2.67	310	6.42
东南	13 631	46.81	−64	−1.40	255	2.73
西南	6 715	14.51	9	0.44	757	13.72
西北	2 091	13.27	−1 936	−32.34	−1 679	−21.43

2010 年全国和分区域水土资源匹配和 2009 年比较见表 1-11。从农业水土资源匹配数量上分析，与 2009 年相比，2010 年全国水资源总量与耕地匹配增加 5 526 米³/公顷，增幅 27.82%；灌溉水与耕地匹配比 2009 年减少 34 米³/公顷，减幅 1.23%；广义农业水资源与耕地匹配比 2009 年增加 91 米³/公顷，增幅 1.41%。

华北水资源总量与耕地匹配比 2009 年增加 711 米³/公顷，增幅 19.05%；灌溉水与耕地匹配比 2009 年减少 45 米³/公顷，减幅 2.57%；广义农业水资源与耕地匹配比 2009 年增加 110 米³/公顷，增幅 2.20%。

东北水资源总量与耕地匹配比 2009 年增加 3 209 米³/公顷，增幅 47.19%；灌溉水与耕地匹配比 2009 年增加 48 米³/公顷，增幅 2.67%；广义农业水资源与耕地匹配比 2009 年增加 310 米³/公顷，增幅 6.42%。

东南水资源总量与耕地匹配比 2009 年增加 13 631 米³/公顷，增幅 46.81%；灌溉水与耕地匹配比 2009 年减少 64 米³/公顷，减幅 1.40%；广义农业水资源与耕地匹配比 2009 年增加 255 米³/公顷，增幅 2.73%。

西南水资源总量与耕地匹配比 2009 年增加 6 715 米³/公顷，增幅 14.51%；灌溉水与耕地匹配增加 9 米³/公顷，增幅 0.44%；广义农业水资源与耕地匹配增加 757 米³/公顷，增幅 13.72%。

西北水资源总量与耕地匹配比 2009 年增加 2 091 米³/公顷，增幅 13.27%；灌溉水与耕地匹配减少 1 936 米³/公顷，减幅 32.34%；广义农业水资源与耕地匹配减少 1 679 米³/公顷，减幅 21.43%。

（六）水库库容和蓄水

2010 年全国和分区大、中、小型水库和库容情况见表 1-12。已建成水库座数指在江河上筑坝（闸）所形成的能拦蓄水量、调节径流的蓄水区的数量。大型水库是指总库容在 1 亿米³ 及以上的水库；中型水库指总库容在 1 000 万（含 1 000 万）～1 亿米³ 的水库；小型水库指库容在 10 万（含 10 万）～1 000 万米³ 的水库。

表 1-12 2010 年全国和分区大中小型水库和库容

区域	总数量（个）	总库容（亿米³）	大型水库（个）	库容（亿米³）	中型水库（个）	库容（亿米³）	小型水库（个）	库容（亿米³）
全国	87 873	7 162.4	552	5 594.5	3 269	930.0	84 052	637.9
华北	11 049	1 136.7	109	892.7	531	162.5	10 409	81.5
东北	3 507	858.6	75	736.6	270	80.9	3162	40.8
东南	49 353	3 316.3	229	2 551.7	1 604	432.8	47 512	331.8
西南	21 672	1 166.3	90	852.2	613	163.5	20 969	150.6
西北	2 292	684.8	49	561.3	251	90.3	1 992	33.2

2010 年全国水库总库容比 2009 年增加 98.7 亿米³，增幅 1.4%。其中大型水库库容增加 88.3 亿米³，增幅 2.7%；中型水库库容增加 8.6 亿米³，增幅 0.01%；小型水库库容增加

1.8 亿米³，增幅 0.3％（表 1 - 13）。

华北水库总库容比 2009 年增加 6.2 亿米³，增幅 0.5％；其中大型水库库容增加 3.1 亿米³，增幅 0.6％；中型水库库容增加 3.9 亿米³，增幅 0.04％；小型水库库容减少 0.5 亿米³，减幅 0.6％。

东北水库总库容比 2009 年增加 3.0 亿米³，增幅 0.3％。其中大型水库库容减少 0.4 亿米³，减幅 0.1％；中型水库库容增加 1.6 亿米³，增幅 0.05％；小型水库增加 1.7 亿米³，增幅 4.3％。

东南水库总库容比 2009 年增加 59.5 亿米³，增幅 1.8％。其中大型水库库容增加 58.6 亿米³，增幅 3.6％；中型水库库容减少 0.9 亿米³，基本与 2009 年持平；小型水库库容增加 1.7 亿米³，增幅 0.5％。

表 1 - 13　2010 年全国和分区水库库容比 2009 年变化

区域	总库容变化量（亿米³）	总库容变化率（％）	大型水库库容变化量（亿米³）	大型水库库容变化率（％）	中型水库库容变化量（亿米³）	中型水库库容变化率（％）	小型水库库容变化量（亿米³）	小型水库库容变化率（％）
全国	98.7	1.4	88.3	2.7	8.6	0.01	1.8	0.3
华北	6.2	0.5	3.1	0.6	3.9	0.04	−0.5	−0.6
东北	3.0	0.3	−0.4	−0.1	1.6	0.05	1.7	4.3
东南	59.5	1.8	58.6	3.6	−0.9	0.00	1.7	0.5
西南	28.5	2.5	27.0	4.5	2.7	0.01	8.9	6.3
西北	1.549	0.23	0	0	1.50	1.68	0.054	0.16

西南水库总库容增加 28.5 亿米³，增幅 2.5％。其中大型水库总库容增加 27.0 亿米³，增幅 4.5％；中型水库总库容增加 2.7 亿米³，增幅 0.01％；小型水库总库容增加 8.9 亿米³，增幅 6.3％。

西北水库总库容增加 1.549 亿米³，增幅 0.23％。其中大型水库保持不变；中型水库库容增加 1.50 亿米³，增幅 1.68％；小型水库库容增加 0.054 亿米³，增幅 0.16 ％。

总体上，2010 年全国水库总库容比 2009 年有所增加。无

论是全国还是各分区，水库总库容的增长主要来源于大型水库
库容的增长。中小型水库库容增长幅度不大，有些地区还呈下
降趋势。

水库库容和耕地的匹配在一定程度上能够说明灌溉耕地的
保障程度。2010 年全国和分区水库库容和耕地匹配结果见表
1-14。

表 1-14 2010 年全国和分区库容和耕地匹配

区域	总库容和耕地匹配（米³/公顷）	大型水库库容和耕地匹配（米³/公顷）	中型水库库容和耕地匹配（米³/公顷）	小型水库库容和耕地匹配（米³/公顷）
全国	5 885	4 596	764	524
华北	3 380	2 654	483	242
东北	4 002	3 434	377	190
东南	10 087	7 761	1 316	1 009
西南	5 001	3 654	701	646
西北	6 563	5 380	866	318

2010 年，全国水库总库容和耕地匹配比 2009 年增加了
81.5 米³/公顷，增幅 1.4%。其中大型水库库容和耕地匹配比
2009 年增加了 8.9 米³/公顷，增幅 0.3%；中型水库和耕地匹
配比 2009 年增加 7.1 米³/公顷，增幅 0.9%；小型水库库容和
耕地匹配比 2009 年增加 1.1 米³/公顷，增幅 0.3%（表 1-15）。

华北水库总库容和耕地匹配比 2009 年减少 18.6 米³/公
顷，减幅 0.6%；大型水库库容和耕地匹配比 2009 年增加
11.7 米³/公顷，增幅 2.5%；中型水库库容和耕地匹配比
2009 年增加 127 米³/公顷，增幅 2.6%；小型水库库容和耕地
匹配比 2009 年减少 1.5 米³/公顷，减幅 0.6%。

东北水库总库容和耕地匹配比 2009 年增加 13.7 米³/公
顷，增幅 0.3%；大型水库总库容和耕地匹配比 2009 年减少

15 米³/公顷，减幅 0.0%；中型水库总库容和耕地匹配比 2009 年减少 76 米³/公顷，减幅 2.1%；小型水库库容和耕地匹配比 2009 年减少 78 米³/公顷，减幅 4.3%。

表 1-15　2010 年全国和分区库容和耕地匹配变化量和变化率

区域	总库容和耕地匹配变化量（米³/公顷）	总库容和耕地匹配变化率（%）	大型水库库容和耕地匹配变化量（米³/公顷）	大型水库库容和耕地匹配变化率（%）	中型水库库容和耕地匹配变化量（米³/公顷）	中型水库库容和耕地匹配变化率（%）	小型水库库容和耕地匹配变化量（米³/公顷）	小型水库库容和耕地匹配变化率（%）
全国	81.5	1.4	72.3	1.6	7.1	0.9	1.1	0.2
华北	18.5	0.6	8.9	0.3	11.7	2.5	−1.5	−0.6
东北	13.7	0.3	−1.8	−0.1	7.3	2.0	8.2	4.5
东南	180.7	1.8	178.0	2.3	−2.6	−0.2	5.1	0.5
西南	122.3	2.5	115.5	3.3	11.1	1.6	37.6	6.2
西北	15.3	0.2	−0.3	0.0	14.7	1.7	0.9	0.3

东南水库总库容和耕地匹配比 2009 年减少 9 088 米³/公顷，减幅 9.2%。其中大型水库库容和耕地匹配减少了 1.8 米³/公顷，减幅 0.1%；中型水库库容和耕地匹配增加了 7.3 米³/公顷，增幅 2.0%；小型水库库容和耕地匹配比 2009 年增加了 8.2 米³/公顷，增幅 4.5%。

西南水库总库容和耕地匹配比 2009 年增加了 122.3 米³/公顷，增幅 2.5%。大型水库库容和耕地匹配比 2009 年增加了 115.5 米³/公顷，增幅 3.3%；中型水库库容和耕地匹配比 2009 年增加了 11.1 米³/公顷，增幅 1.6%；小型水库库容和耕地匹配比 2009 年增加了 37.6 米³/公顷，增幅 6.2%。

西北水库总库容和耕地匹配比 2009 年增加 15.3 米³/公顷，增幅 0.2%。大型水库库容和耕地匹配比 2009 年减少了 0.3 米³/公顷，基本与 2009 年持平；中型水库库容和耕地匹配比 2009 年增加 14.7 米³/公顷，增幅 1.7%；小型水库库容和耕地匹配比 2009 年增加 0.9 米³/公顷，增幅 0.3%。

总体上，全国水库库容和耕地匹配程度都比 2009 年有所增加。其中，大型水库库容和耕地匹配程度增加幅度，无论在全国还是各地区，都比中小型水库的增加幅度大，说明大型水库在保障耕地灌溉方面起到了绝对主要的作用。

（七）部门用水量分配

用水量是指各类用水户取用的包括输水损失在内的毛水量，又称取水量。2010 年全国和分区农业用水量及变化见表 1-16。2010 年全国农业用水总量 3 689.1 亿米³，比 2009 年减少 34.0 亿米³，减幅 0.9%。其中，东北农业用水量增加，华北、东南、西南和西北农业用水量减少。东北农业用水量 413.2 亿米³，增加 13.5 亿米³，增幅 3.4%；华北农业用水量 618.6 亿米³，比 2009 年减少 17.1 亿米³，减幅 2.7%；东南农业用水量 1416.0 亿米³，减少 24.8 亿米³，减幅 1.7%；西南农业用水量 518.7 亿米³，比 2009 年减少 0.9 亿米³，减幅 0.2%；西北农业用水量 722.6 亿米³，比 2009 年减少 4.7 亿米³，减幅 0.6%。

表 1-16　2010 年全国和分区农业用水量变化

区域	2010 年农业用水量 （亿米³）	比 2009 年变化量 （亿米³）	比 2009 年变化率 （%）
全国	3 689.1	−34.0	−0.9
华北	618.6	−17.1	−2.7
东北	413.2	13.5	3.4
东南	1 416.0	−24.8	−1.7
西南	518.7	−0.9	−0.2
西北	722.6	−4.7	−0.6

全国 13 个粮食主产省中，4 个省的农业用水量增加（吉

林、黑龙江、江苏、四川），9 个省农业用水量下降（河北、内蒙古、河南、山东、辽宁、安徽、江西、湖南、湖北），见表 1-17。2010 年吉林农业用水量 73.8 亿米^3，增加 2.6 亿米^3，增幅 3.7%；黑龙江农业用水量 249.6 亿米^3，增加 12.2 亿米^3，增幅 5.1%；江苏农业用水量 304.2 亿米^3，增加 4.1 亿米^3，增幅 1.4%；四川农业用水量 127.3 亿米^3，增加 3.7 亿米^3，增幅 3.0%。2010 年河北省农业用水量 143.8 亿米^3，比 2009 年减少 0.1 亿米^3，减幅 0.1%；内蒙古农业用水量 134.5 亿米^3，减少 4.2 亿米^3，减幅 3.0%；河南农业用水量 125.6 亿米^3，减少 12.5 亿米^3，减幅 9.1%；山东农业用水量 154.8 亿米^3，减少 1.6 亿米^3，减幅 1.0%；辽宁农业用水量 89.8 亿米^3，减少 1.3 亿米^3，减幅 1.4%；安徽农业用水量 166.7 亿米^3，减少 0.5 亿米^3，减幅 0.3%；江西农业用水量 151.0 亿米^3，减少 6.2 亿米^3，减幅 3.9%；湖南农业用水量 185.8 亿米^3，减少 3.5 亿米^3，减幅 1.8%；湖北农业用水量 138.3 亿米^3，减少 11.1 亿米^3，减幅 7.4%。

表 1-17　2010 年粮食主产省农业用水量变化

区域	2010 年农业用水量 （亿米^3）	比 2009 年变化量 （亿米^3）	比 2009 年变化率 （%）
河北	143.8	-0.1	-0.1
内蒙古	134.5	-4.2	-3.0
河南	125.6	-12.5	-9.1
山东	154.8	-1.6	-1.0
辽宁	89.8	-1.3	-1.4
吉林	73.8	2.6	3.7
黑龙江	249.6	12.2	5.1
江苏	304.2	4.1	1.4
安徽	166.7	-0.5	-0.3

（续）

区域	2010 年农业用水量（亿米³）	比 2009 年变化量（亿米³）	比 2009 年变化率（％）
江西	151.0	−6.2	−3.9
湖北	138.3	−11.1	−7.4
湖南	185.8	−3.5	−1.8
四川	127.3	3.7	3.0
13 省份总计	2045.2	−18.4	−0.9

2010 年全国和分区部门用水比例变化见表 1 - 18。2010 年全国农业用水占总用水量的 61.3％，比 2009 年减少 1.2 个百分点；工业用水占 24.0％，比 2009 年增加 0.7 个百分点；生活用水占 12.7％，比 2009 年增加 0.2 个百分点；生态用水占 2.0％，比 2009 年增加 0.3 个百分点。

表 1 - 18 2010 年全国和分区部门用水比例变化

区域	2010 年农业用水比例（％）	比 2009 年变化量（百分点）	2010 年工业用水比例（％）	比 2009 年变化量（百分点）	2010 年生活用水比例（％）	比 2009 年变化量（百分点）	2010 年生态用水比例（％）	比 2009 年变化量（百分点）
全国	61.3	−1.2	24.0	0.7	12.7	0.2	2.0	0.3
华北	65.5	−1.8	16.0	0.8	15.1	0.4	3.4	0.6
东北	70.2	0.1	18.2	0.1	10.1	0.1	1.5	−0.3
东南	51.6	−1.4	33.5	1.0	13.7	0.3	1.2	0.1
西南	57.5	−1.44	25.1	0.9	16.0	0.2	1.4	0.3
西北	85.7	−1.2	5.3	0.3	5.2	−0.3	3.9	1.2

华北农业用水占 65.5％，比 2009 年减少 1.8 个百分点；工业用水占 16.0％，比 2009 年增加 0.8 个百分点；生活用水占 15.1％，比 2009 年增加 0.4 个百分点；生态用水占 3.4％，

比 2009 年增加 0.6 个百分点。

东北农业用水占总用水量的 70.2%，比 2009 年增加 0.1 个百分点；工业用水占 18.2%，比 2009 年增加 0.1 个百分点；生活用水占 10.1%，比 2009 年增加 0.1 个百分点；生态用水占 1.5%，比 2009 年减少 0.2 个百分点。

东南农业用水占总用水量的 51.6%，比 2009 年减少 1.4 个百分点；工业用水占 33.5%，比 2009 年增加 1.0 个百分点；生活用水占 13.7%，比 2009 年增加 0.3 个百分点；生态用水占 1.2%，比 2009 年增加 0.1 个百分点。

西南农业用水占总用水量的 57.5%，比 2009 年减少 1.44 个百分点；工业用水占 25.1%，比 2009 年增加 0.9 个百分点；生活用水占 16.0%，比 2009 年增加 0.2 个百分点；生态用水占 1.4%，比 2009 年增加 0.3 个百分点。

西北农业用水占总用水量的 85.7%，比 2009 年减少 1.2 个百分点；工业用水占 5.3%，比 2009 年增加 0.3 个百分点；生活用水占 5.2%，比 2009 年减少 0.3 个百分点；生态用水占 3.9%，比 2009 年增加 1.2 个百分点。

2010 年 13 个粮食主产省部门用水比例变化见表 1 - 19。

表 1 - 19　2010 年粮食主产省部门用水比例变化

区域	2010 年农业用水比例（%）	比 2009 年变化量（百分点）	2010 年工业用水比例（%）	比 2009 年变化量（百分点）	2010 年生活用水比例（%）	比 2009 年变化量（百分点）	2010 年生态用水比例（%）	比 2009 年变化量（百分点）
河北	74.2	−0.1	11.9	−0.3	12.4	0.3	1.4	0.1
内蒙古	73.9	−2.6	12.4	0.9	8.2	0.5	5.4	1.2
河南	55.9	−3.2	24.8	1.9	16.1	0.8	3.3	0.6
山东	69.6	−1.5	12.0	−0.4	16.3	0.4	2.1	0.3
辽宁	62.5	−1.3	17.4	0.7	17.7	0.7	2.4	0.0
吉林	61.5	−2.6	21.8	0.5	13.7	1.0	3.1	1.1

（续）

区域	2010 年农业用水比例（%）	比 2009 年变化量（百分点）	2010 年工业用水比例（%）	比 2009 年变化量（百分点）	2010 年生活用水比例（%）	比 2009 年变化量（百分点）	2010 年生态用水比例（%）	比 2009 年变化量（百分点）
黑龙江	76.8	1.7	17.2	−0.4	5.4	−0.5	0.6	−0.8
江苏	55.1	0.4	34.8	−0.7	9.6	0.2	0.6	0.0
安徽	56.9	−0.4	32.1	0.0	10.3	0.4	0.8	0.1
江西	63.0	−2.2	23.9	1.9	11.5	0.7	1.6	−0.4
湖北	48.0	−5.1	40.7	4.8	11.3	0.3	0.1	0.0
湖南	57.1	−1.6	27.6	1.7	14.3	0.3	1.0	−0.1
四川	55.3	0.0	27.3	−0.2	16.5	0.3	0.9	0.0
平均	61.2	−1.1	25.4	0.8	11.9	0.3	1.4	0.0

河北省农业用水占总用水量 74.2%，比 2009 年减少 0.1 个百分点；工业用水占 11.9%，比 2009 年减少 0.3 个百分点；生活用水占 12.4%，比 2009 年增加 0.3 个百分点；生态用水占 1.4%，比 2009 年增加 0.1 个百分点。

内蒙古农业用水占总用水量 73.9%，比 2009 年减少 2.6 个百分点；工业用水占 12.4%，比 2009 年增加 0.9 个百分点；生活用水占 8.2%，比 2009 年增加 0.5 个百分点；生态用水占 5.4%，比 2009 年增加 1.2 个百分点。

河南农业用水占总用水量 55.9%，比 2009 年减少 3.2 个百分点；工业用水占 24.8%，能比 2009 年增加 1.9 个百分点；生活用水占 16.1%，比 2009 年增加 0.8 个百分点；生态用水占 3.3 %，比 2009 年增加 0.6 个百分点。

山东农业用水占总用水量 69.6%，比 2009 年减少 1.5 个百分点；工业用水占 12.0%，比 2009 年增加 0.8 个百分点；生活用水占 16.3%，比 2009 年增加 0.4 个百分点；生态用水占 2.1%，比 2009 年增加 0.3 个百分点。

辽宁农业用水占总用水量 62.5％，比 2009 年减少 1.3 个百分点；工业用水占 17.4％，比 2009 年增加 0.7 个百分点；生活用水占 17.7％，比 2009 年增加 0.7 个百分点；生态用水占 2.4％，与 2009 年持平。

吉林农业用水占总用水量 61.5％，比 2009 年减少 2.6 个百分点；工业用水占 17.7％，比 2009 年增加 0.2 个百分点；生活用水占 10.9％，比 2009 年增加 0.2 个部分点；生态用水占 9.9％，比 2009 年增加 2.2 个百分点。

黑龙江省农业用水占总用水量 76.8％，比 2009 年增加 1.7 个百分点；工业用水占 17.2％，比 2009 年减少 0.4 个百分点；生活用水占 5.4％，比 2009 年减少 0.5 个百分点；生态用水占 0.6％，比 2009 年减少了 0.8 个百分点。

江苏农业用水占总用水量 55.1％，比 2009 年增加 0.4 个百分点；工业用水占 34.8％，比 2009 年减少 0.7 个百分点；生活用水占 9.6％，比 2009 年增加 0.2 个百分点；生态用水占 0.6％，与 2009 年持平。

安徽农业用水占总用水量 56.9％，比 2009 年减少 0.4 个百分点；工业用水占 32.1％，与 2009 年持平；生活用水占 10.3％，比 2009 年增加 0.4 个百分点；生态用水占 0.8％，与 2009 年持平。

江西农业用水占总用水量 63.0％，比 2009 年减少 2.2 个百分点；工业用水占 23.6％，比 2009 年增加 0.3 个百分点；生活用水占 9.7％，比 2009 年增加 0.1 个百分点；生态用水占 3.6％，比 2009 年增加 1.8 个百分点。

湖北农业用水占总用水量 48.0％，比 2009 年减少 5.1 个百分点；工业用水占 40.7％，比 2009 年增加 4.8 个百分点；生活用水占 11.1％，比 2009 年增加 0.3 个百分点；生态用水占 0.1％，与 2009 年持平。

湖南农业用水占总用水量 57.1％，比 2009 年减少 1.6 个百分点；工业用水占 27.6%，比 2009 年增加 1.7 个百分点；生活用水占 14.3%，与 2009 年持平；生态用水 1.0%，比 2009 年减少 0.1 个百分点。

四川农业用水占总用水量 55.3%，与 2009 年持平；工业用水占 27.3%，比 2009 年减少 0.2 个百分点；生活用水占 16.5%，比 2009 年增加 0.3 个百分点；生态用水占 0.9%，与 2009 年持平。

总体上，全国 13 个粮食主产省农业用水占 61.2%，比 2009 年减少 1.1 个百分点；工业用水占 25.4%，比 2009 年增加 0.8 个百分点；生活用水占 11.9%，比 2009 年增加 0.3 个百分点；生态用水占 1.4%，和 2009 年持平。农业用水所占比例不断下降，但仍是用水大户。一方面要保证农业用水数量，避免挤占，另一方面要加大节水农业技术推广力度，提高农业用水效率。

二、灌　　溉

（一）灌溉面积、有效灌溉和有效实灌面积

总灌溉面积是指一个地区当年农、林、牧等灌溉面积的总和。总灌溉面积等于耕地有效灌溉面积、林地灌溉面积、果园灌溉面积、牧草灌溉面积、其他灌溉面积的总和。

农田有效灌溉面积是指灌溉工程或设备已基本配套，有一定水源，土地比较平整，在一般年景可以进行正常灌溉的农田或者耕地面积。

农田有效实灌面积是指利用灌溉工程和设施，在有效灌溉面积中当年实际已经正常灌溉（灌水一次以上）的耕地面积。

在同一单位面积耕地上，无论灌水几次都按一单位面积计算。肩挑、人抬、马拉等抗旱点种的面积不计入实灌面积。有效实灌面积不大于有效灌溉面积。

2010 年全国灌溉面积 66 352.3 千公顷，比 2009 年增加 1 187.7 千公顷，增幅 1.8 %；农田有效灌溉面积 60 347.7 千公顷，比 2009 年增加 1 185.3 千公顷，增幅 2.0%；农田有效实灌面积 52 589.0 千公顷，比 2009 年增加 782.5 千公顷，增幅 1.5%（表 2-1）。灌溉面积、农田有效灌溉面积和农田有效实灌面积增加最多的是东北地区和西南地区。

表 2-1　2010 年全国和分区灌溉面积、农田有效灌溉
面积和农田有效实灌面积及变化

区域	2010 年灌溉面积（千公顷）	比 2009 年变化量（千公顷）	比 2009 年变化率（%）	2010 年农田有效灌溉面积（千公顷）	比 2009 年变化量（千公顷）	比 2009 年变化率（%）	2010 年农田有效实灌面积（千公顷）	比 2009 年变化量（千公顷）	比 2009 年变化率（%）
全国	66 352.3	1 187.7	1.8	60 347.7	1 185.3	2.0	52 589.0	782.5	1.5
华北	21 486.7	217.6	1.0	19 442.0	182.2	0.95	16 901.3	132.4	0.8
东北	7 356.5	526.6	7.7	7 139.5	539.2	8.2	5 745.1	392.8	7.3
东南	20 293.2	108.0	0.5	19 046.5	114.4	0.6	17 414.7	203.9	1.2
西南	8 063.6	189.5	2.4	7 718.5	187.5	2.5	6 102.5	75.6	1.3
西北	9 152.2	146.3	1.6	7 001.2	62.7	0.9	6 425.4	13.9	0.2

华北灌溉面积 21 486.7 千公顷，比 2009 年增加 217.6 千公顷，增幅 1.0%；农田有效灌溉面积 19 442.0 千公顷，比 2009 年增加 182.2 千公顷，增幅 0.95%；农田有效实灌面积 16 901.3 千公顷，比 2009 年增加 132.4 千公顷，增幅 0.8%。

东北总灌溉面积 7 356.5 千公顷，比 2009 年增加 526.6 千公顷，增幅 7.7%；农田有效灌溉面积 7 139.5 千公顷，比 2009 年增加 539.2 千公顷，增幅 8.2%；农田有效实灌面积

5 745.1 千公顷，比 2009 年增加 392.8 千公顷，增幅 7.3％。

　　东南总灌溉面积 20 293.2 千公顷，比 2009 年增加 108.0 千公顷，增幅 0.5％；农田有效灌溉面积 19 046.5 千公顷，比 2009 年增加 114.4 千公顷，增幅 0.6％；农田有效实灌面积 17 414.7 千公顷，比 2009 年增加 203.9 千公顷，增幅 1.2％。

　　西南总灌溉面积 8 063.6 千公顷，比 2009 年增加 189.3 千公顷，增幅 2.4％；农田有效实灌面积 7 718.5 千公顷，比 2009 年增加 187.5 千公顷，增幅 2.5％；农田有效实灌面积 6 102.5 千公顷，比 2009 年增加 75.6 千公顷，增幅 1.3％。

　　西北总灌溉面积 9 152.2 千公顷，比 2009 年增加 146.3 千公顷，增幅 1.6％；农田有效灌溉面积 7 001.2 千公顷，比 2009 年增加 62.7 千公顷，增幅 0.9％；农田有效实灌面积 6 425.4 千公顷，比 2009 年增加 13.9 千公顷，增幅 0.2％。

　　2010 年粮食主产省灌溉面积、农田有效灌溉面积和农田有效实灌面积及变化见表 2-2。其中：

表 2-2　2010 年粮食主产省灌溉面积、农田有效灌溉面积和农田有效实灌面积及变化

区域	2010 年灌溉面积（千公顷）	比 2009 年变化量（千公顷）	比 2009 年变化率（％）	2010 年农田有效灌溉面积（千公顷）	比 2009 年变化量（千公顷）	比 2009 年变化率（％）	2010 年农田有效实灌面积（千公顷）	比 2009 年变化量（千公顷）	比 2009 年变化率（％）
河北	4 971.3	−5.6	−0.1	4 548.0	−5.0	−0.1	4 175.6	25.8	0.6
内蒙古	3 778.3	89.4	2.4	3 072.4	77.7	2.6	2 378.3	−5.0	−0.2
河南	5 172.0	51.2	1.0	5 081.0	48.0	1.0	4 533.0	−6.7	−0.1
山东	5 547.8	63.7	1.2	4 955.3	58.4	1.2	4 291.6	55.5	1.3
辽宁	1 722.8	15.2	0.9	1 537.5	27.9	1.8	1 171.9	8.2	0.7
吉林	1 749.4	42.0	2.5	1 726.8	42.0	2.5	1 193.3	35.8	3.1
黑龙江	3 884.3	469.4	13.7	3 875.2	469.3	13.8	3 379.9	348.8	11.5
江苏	4 071.9	20.7	0.5	3 819.7	6.0	0.2	3 506.2	26.5	0.8

（续）

区域	2010 年灌溉面积（千公顷）	比 2009 年变化量（千公顷）	比 2009 年变化率（%）	2010 年农田有效灌溉面积（千公顷）	比 2009 年变化量（千公顷）	比 2009 年变化率（%）	2010 年农田有效实灌面积（千公顷）	比 2009 年变化量（千公顷）	比 2009 年变化率（%）
安徽	3 554.2	36.4	1.0	3 519.8	35.7	1.0	3 029.3	59.7	2.0
江西	1 923.2	12.4	0.6	1 852.4	12.0	0.7	1 811.3	9.9	0.5
湖北	2 522.5	47.5	1.9	2 379.8	29.7	1.3	2 132.7	118.6	5.9
湖南	2 825.6	6.4	0.2	2 739.0	18.3	0.7	2 544.1	−11.1	−0.4
四川	2 618.9	6.2	0.2	2 553.1	29.4	1.2	2 096.4	6.0	0.3
13 省份总计	44 342.7	854.9	2.0	41 615.0	849.4	2.1	36 195.5	672.0	1.9

河北总灌溉面积 4 971.3 千公顷，比 2009 年减少 5.6 千公顷，减幅 0.1%；农田有效灌溉面积 4 548.0 千公顷，减少 5.0 千公顷，减幅 0.1%；农田有效实灌面积 4 175.6 千公顷，增加 25.8 千公顷，增幅 0.6%。

内蒙古总灌溉面积 3 778.3 千公顷，比 2009 年增加 89.4 千公顷，增幅 2.4%；农田有效灌溉面积 3 072.4 千公顷，比 2009 年增加 77.7 千公顷，增幅 2.6%；农田有效实灌面积 2 378.3 千公顷，减少 5.0 千公顷，减幅 0.2%。

河南总灌溉面积 5 172.0 千公顷，比 2009 年增加 51.2 千公顷，增幅 1.0%；农田有效实灌面积 5 081.0 千公顷，增加 48.0 千公顷，增幅 1.0%；农田有效实灌面积 4 533.0 千公顷，减少 6.7 千公顷，减幅 0.1%。

山东总灌溉面积 5 547.8 千公顷，增加 63.7 千公顷，增幅 1.2%；农田有效灌溉面积 4955.3 千公顷，比 2009 年增加 58.4 千公顷，增幅 1.2%；农田有效实灌面积 4 291.6 千公顷，增加 55.5 千公顷，增幅 1.3%。

辽宁总灌溉面积 1 722.8 千公顷，比 2009 年增加 15.2 千公顷，增幅 0.9%；农田有效灌溉面积 1 537.5 千公顷，增加 27.9 千公顷，增幅 1.8%；农田有效实灌面积 1 171.9 千公顷，增加 8.2 千公顷，增幅 0.7%。

吉林总灌溉面积 1 749.4 千公顷，比 2009 年增加 42.0 千公顷，增幅 2.5%；农田有效灌溉面积 1 726.8 千公顷，增加了 42.0 千公顷，增幅 2.5%；农田有效实灌面积 1 193.3 千公顷，增加了 35.8 千公顷，增幅 3.1%。

黑龙江总灌溉面积 3 884.3 千公顷，增加了 469.4 千公顷，增幅 13.7%；农田有效灌溉面积 3 875.2 千公顷，增加了 469.3 千公顷，增幅 13.8 %；农田有效实灌面积 3 379.9 千公顷，增加 348.8 千公顷，增幅 11.5%。

江苏总灌溉面积 4 071.9 千公顷，比 2009 年增加 20.7 千公顷，增幅 0.5%；农田有效灌溉面积 3 819.7 千公顷，比 2009 年增加 6.0 千公顷，增幅 0.2%；农田有效实灌面积 3 506.2 千公顷，增加 26.5 千公顷，增幅 0.8 %。

安徽总灌溉面积 3 554.2 千公顷，比 2009 年增加 36.4 千公顷，增幅 1.0%；农田有效灌溉面积 3 519.8 千公顷，增加 35.7 千公顷，增幅 1.0%；农田有效实灌面积 3 029.3 千公顷，增加 59.7 千公顷，增幅 2.0%。

江西总灌溉面积 1 923.2 千公顷，比 2009 年增加 12.4 千公顷，增幅 0.6%；农田有效灌溉面积 1 852.4 千公顷，增加 12.0 千公顷，增幅 0.7%；农田有效实灌面积 1 811.3 千公顷，增加 9.9 千公顷，增幅 0.5%。

湖北总灌溉面积 2 522.5 千公顷，比 2009 年增加 47.5 千公顷，增幅 1.9%；农田有效灌溉面积 2 379.8 千公顷，增加 29.7 千公顷，增幅 1.3%；农田有效实灌面积 2 132.7 千公顷，增加 118.6 千公顷，增幅 5.9 %。

湖南总灌溉面积 2 825.6 千公顷，比 2009 年增加 6.4 千公顷，增幅 0.2%；农田有效灌溉面积 2 739.0 千公顷，增加

18.3 千公顷,增幅 0.7%;农田有效实灌面积 2 544.1 千公顷,减少 11.1 千公顷,减幅 0.4%。

四川总灌溉面积 2 618.9 千公顷,比 2009 年增加 6.2 公顷,增幅 0.2%;农田有效灌溉面积 2 553.1 千公顷,比 2009 年增加 29.4 千公顷,增幅 1.2%;农田有效实灌面积 2 096.4 千公顷,增加 6.0 千公顷,增幅 0.3%。

总体上,2010 年 13 个粮食主产省总灌溉面积 44 407.6 千公顷,比 2009 年增加 854.9 千公顷,增幅 2.0%;农田有效灌溉面积 41 615.0 千公顷,比 2009 年增加 849.4 千公顷,增幅 2.1%;农田有效实灌面积 36 195.5 千公顷,增加 672.0 千公顷,增幅 1.9%。主产省中,黑龙江灌溉面积、农田有效灌溉面积和农田有效实灌面积增加最多,其次为内蒙古、山东、河南、湖北、安徽、吉林等省,河北灌溉面积和农田有效灌溉面积下降。

(二) 旱涝保收面积

旱涝保收面积是指有效灌溉面积中,遇旱能灌、遇涝能排的面积。通常要求灌溉设施的抗旱能力应达到 30~50 天,适宜发展双季稻的地方应达到 50~70 天;除涝达到 5 年一遇标准;防洪一般达到 20 年一遇标准。

2010 年全国旱涝保收面积 42 871.5 千公顷,比 2009 年增加 513.3 千公顷,增幅 1.2%(表 2-3)。华北旱涝保收面积 13 906.6 千公顷,比 2009 年增加 174.2 千公顷,增幅 1.3%。东北旱涝保收面积 4 292.4 千公顷,比 2009 年增加 281.9 千公顷,增幅 7.0%。东南旱涝保收面积 14 728.2 千公顷,比 2009 年增加 15.1 千公顷,增幅 0.1%;西南旱涝保收面积 4 845.9 千公顷,增加 28.5 千公顷,增幅 0.6%。西北旱涝保收面积 4 998.3 千公顷,减少 86.6 千公顷,减幅 1.7%。

表 2-3 2010 年全国和分区旱涝保收面积及变化

区域	2010 年旱涝保收面积 （千公顷）	比 2009 年变化量 （千公顷）	比 2009 年变化率 （％）
全国	42 871.5	513.3	1.2
华北	13 906.6	174.2	1.3
东北	4 292.4	281.9	7.0
东南	14 728.2	15.1	0.1
西南	4 845.9	28.5	0.6
西北	4 998.3	−86.6	−1.7

2010 年粮食主产省旱涝保收面积及变化见表 2-4。2010年河北旱涝保收面积 3 557.1 千公顷，比 2009 年增加 78.7 千公顷，增幅 2.3％。内蒙古 1 533.1 千公顷，增加 20.9 千公顷，增幅 1.4％。河南 4 098.9 千公顷，增加比 2009 年增加47.7 千公顷，增加 1.2％。山东 3 586.6 千公顷，增加 49.3千公顷，增幅 1.4％。辽宁 1 037.5 千公顷，增加 25.1 千公顷，增幅 2.5％。吉林 1 064.0 千公顷，增加 28.1 千公顷，增加 2.7％。黑龙江 2 190.9 千公顷，比 2009 年增加 228.7 千公顷，增幅 11.7 ％。

表 2-4 2010 年粮食主产省旱涝保收面积及变化

区域	2010 年旱涝保收面积 （千公顷）	比 2009 年变化量 （千公顷）	比 2009 年变化率 （％）
河北	3 557.1	78.7	2.3
内蒙古	1 533.1	20.9	1.4
河南	4 098.9	47.7	1.2
山东	3 586.6	49.3	1.4
辽宁	1 037.5	25.1	2.5
吉林	1 064.0	28.1	2.7
黑龙江	2 190.9	228.7	11.7

（续）

区域	2010 年旱涝保收面积 （千公顷）	比 2009 年变化量 （千公顷）	比 2009 年变化率 （%）
江苏	3 080.9	−20.9	−0.7
安徽	2 623.3	25.8	1.0
江西	1 497.1	11.7	0.8
湖北	1 753.6	−23.4	−1.3
湖南	2 243.9	15.4	0.7
四川	1 757.1	15.6	0.9
13 省份 总计	30 024.0	502.7	1.7

江苏旱涝保收面积 3 080.9 千公顷，比 2009 年减少 20.9 千公顷，减幅 0.7%。安徽 2 623.3 千公顷，增加 25.8 千公顷，增幅 1.0%。江西 1 497.1 千公顷，增加 11.7 千公顷，增幅 0.8%。湖北 1 753.6 千公顷，减少 23.4 千公顷，减少 1.3%。湖南 2 243.9 千公顷，比 2009 年增加 15.4 千公顷，增幅 0.7%。四川 1 757.1 千公顷，增加 15.6 千公顷，增幅 0.9%。

总体上，13 个粮食主产省旱涝保收面积 30 024.0 千公顷，增加 502.7 千公顷，增幅 1.7%。

（三）万亩以上灌区数量和有效灌溉面积

2010 年全国万亩[①]以上灌区控制有效灌溉面积 29 415 千公顷，比 2009 年减少 147 千公顷，减幅 0.5%（表 2 - 5）。其中华北万亩以上灌区控制有效灌溉面积 8 502 千公顷，比 2009 年减少 3 千公顷，减幅 0.04 %。东北 1 554 千公顷，比 2009 年增加 34 千公顷，增幅 2.24%。东南 9 773 千公顷，比 2009 年减少 211 千公顷，减幅 2.11%。西南 3 176 千公顷，比

---

① 亩为非法定计量单位，1 亩＝1/15 公顷≈667 米^2。

2009 年增加 34 千公顷，增幅 1.08%。西北 6 412 千公顷，减少 1 千公顷，减幅 0.02%。

表 2 - 5　2010 年全国和分区万亩以上有效灌溉
面积和控制有效灌溉面积及变化

区域	2010 年万亩以上灌区控制有效灌溉面积（千公顷）	比 2009 年变化量（千公顷）	比 2009 年变化率（%）
全国	29 415	−147	−0.50
华北	8 502	−3	−0.04
东北	1 554	34	2.24
东南	9 773	−211	−2.11
西南	3 176	34	1.08
西北	6 412	−1	−0.02

2010 年河北万亩以上灌区控制有效灌溉面积 1 250 千公顷，与 2009 年持平（表 2 - 6）。内蒙古 1 313 千公顷，比 2009 年增加 5 千公顷，增幅 0.4%。河南 1 767.0 千公顷，比 2009 年增加 19 千公顷，增幅 1.1%。山东 3 002 千公顷，比 2009 年减少 30 千公顷，减幅 1.0%。辽宁 482 千公顷，比 2009 年减少 2 千公顷，减幅 0.4%。吉林 384 千公顷，比 2009 年增加 6 千公顷，增幅 1.6%。黑龙江 688 千公顷，比 2009 年增加 30 千公顷，增幅 4.6%。

表 2 - 6　2010 年粮食主产省万亩以上有效灌溉
面积和控制有效灌溉面积及变化

区域	2010 年万亩以上灌区控制有效灌溉面积（千公顷）	比 2009 年变化量（千公顷）	比 2009 年变化率（%）
河北	1 250	0	0.0
内蒙古	1 313	5	0.4

（续）

区域	2010 年万亩以上灌区控制有效灌溉面积（千公顷）	比 2009 年变化量（千公顷）	比 2009 年变化率（%）
河南	1 767	19	1.1
山东	3 002	−30	−1.0
辽宁	482	−2	−0.4
吉林	384	6	1.6
黑龙江	688	30	4.6
江苏	1 751	3	0.2
安徽	1 858	−4	−0.2
江西	732	−9	−1.2
湖北	2 080	−213	−9.3
湖南	1 138	17	1.5
四川	1 475	10	0.7
13 省份总计	17 920	−205	−1.1

2010 年江苏万亩以上灌区控制有效灌溉面积 1 751 千公顷，比 2009 年增加 3 千公顷，增幅 0.2%。安徽 1 858 千公顷，比 2009 年减少 4 千公顷，减幅 0.2%。江西 732 千公顷，比 2009 年减少 9 千公顷，减幅 1.2%。湖北 2 080 千公顷，比 2009 年减少 213 千公顷，减幅 9.3%。湖南 1 138 千公顷，比 2009 年增加 17 千公顷，增幅 1.5%。四川 1 475 千公顷，比 2009 年增加 10 千公顷，增幅 0.7%。总体上，13 个粮食主产省万亩以上灌区控制有效灌溉面积 17 920 千公顷，比 2009 年减少 205 千公顷，减幅 1.1%。

（四）机电排灌和机电提灌面积

2010 年全国机电排灌面积 40 750.6 千公顷，比 2009 年增加 734.2 千公顷，增幅 1.8%。2010 年机电提灌面积 36 400.6 千公顷，比 2009 年增加 819.6 千公顷，增幅 2.3%（表 2 - 7）。

表 2 - 7　2010 年全国和分区机电排灌、机电提灌面积及变化

区域	2010 年机电排灌面积（千公顷）	比 2009 年变化量（千公顷）	比 2009 年变化率（%）	2010 年机电提灌面积（千公顷）	比 2009 年变化量（千公顷）	比 2009 年变化率（%）
全国	40 750.6	734.2	1.8	36 400.6	819.6	2.3
华北	17 687.4	1 052.4	6.3	16 592.5	234.2	1.4
东北	6 878.3	507.1	8.0	5 647.1	498.3	9.7
东南	11 636.0	-101.4	-0.9	9 687.0	-41.8	-0.4
西南	1 003.8	11.9	1.2	949.3	11.6	1.2
西北	3 545.1	164.3	4.9	3 524.7	177.3	5.3

华北机电排灌面积 17 687.4 千公顷，增加 1 052.4 千公顷，增幅 6.3%。华北机电提灌面积 16 592.5 千公顷，比 2009 年增加 234.2 千公顷，增幅 1.4%。

东北机电排灌面积 6 878.3 千公顷，增加 507.1 千公顷，增幅 8.0%。东北机电提灌面积 5 647.1 千公顷，增加 498.3 千公顷，增幅 9.7%。

东南机电排灌面积 11 636.0 千公顷，比 2009 年减少 101.4 千公顷，减幅 0.9%。东南机电提灌面积 9 687.0 千公顷，比 2009 年减少 41.8 千公顷，减幅 0.4%。

西南机电排灌面积 1 003.8 千公顷，比 2009 年增加 11.9 千公顷，增幅 1.2%。机电提灌面积 949.3 千公顷，比 2009 年增加 11.6 千公顷，增幅 1.2%。

西北机电排灌面积 3 545.1 千公顷，比 2009 年增加 164.3 千公顷，增幅 4.9%。机电提灌面积 3 524.7 千公顷，比 2009 年增加 177.3 千公顷，增幅 5.3%。

2010 年全国粮食主产省机电排灌、机电提灌面积及变化见表 2-8。河北机电排灌面积 4 455.7 千公顷，增加 14.7 千公顷，增幅 0.3%。机电提灌面积 4 270.0 千公顷，增加 25.4 千公顷，增幅 0.6%。

表 2-8　2010 年全国粮食主产省机电排灌、机电提灌面积及变化

区域	2010 年机电排灌面积（千公顷）	比 2009 年变化量（千公顷）	比 2009 年变化率（%）	2010 年机电提灌面积（千公顷）	比 2009 年变化量（千公顷）	比 2009 年变化率（%）
河北	4 455.7	14.7	0.3	4 270.0	25.4	0.6
内蒙古	3 052.2	77.2	2.6	2 255.1	137.2	6.5
河南	4 087.8	23.6	0.6	4 072.2	32.6	0.8
山东	4 536.4	21.3	0.5	4 485.9	18.1	0.4
辽宁	1 374.5	2.7	0.2	1 087.0	4.6	0.4
吉林	1 526.1	33.9	2.3	1 320.9	33.8	2.6
黑龙江	3 977.6	470.5	13.4	3 239.3	459.8	16.5
江苏	3 447.7	−86.1	−2.4	3 059.6	−80.6	−2.6
安徽	3 000.7	10.2	0.3	2 493.6	27.6	1.1
江西	574.7	2.5	0.4	407.1	2.5	0.6
湖北	1 384.0	−3.7	−0.3	1 108.7	1.5	0.1
湖南	1 188.9	6.8	0.6	1 016.0	3.4	0.3
四川	285.9	15.8	5.8	252.8	15.6	6.6
13 省份总计	32 892.2	589.4	1.8	29 068.1	621.6	2.2

内蒙古机电排灌面积 3 052.2 千公顷，比 2009 年增加 77.2 千公顷，增幅 2.6%。机电提灌面积 2 255.1 千公顷，增加 137.2 千公顷，增幅 6.5%。

河南机电排灌面积 4 087.8 千公顷，比 2009 年增加 23.6

千公顷，增幅 0.6%。机电提灌面积 4 072.2 千公顷，增加 32.6 千公顷，增幅 0.8%。

　　山东机电排灌面积 4 536.4 千公顷，比 2009 年增加 21.3 千公顷，增幅 0.5%。机电提灌面积 4 485.9 千公顷，增加 18.1 千公顷，增幅 0.4%。

　　辽宁机电排灌面积 1 374.5 千公顷，比 2009 年增加 2.7 千公顷，增幅 0.2%。机电提灌面积 1 087.0 千公顷，比 2009 年增加 4.6 千公顷，增幅 0.4%。

　　吉林机电排灌面积 1 526.1 千公顷，比 2009 年增加 33.9 千公顷，增幅 2.3%。机电提灌面积 1 320.9 千公顷，比 2009 年增加 33.8 千公顷，增幅 2.6%。

　　江苏机电排灌面积 3 447.7 千公顷，比 2009 年减少 86.1 千公顷，减幅 2.4%。机电提灌面积 3 059.6 千公顷，比 2009 年减少 80.6 千公顷，减幅 2.6%。

　　安徽机电排灌面积 3 000.7 千公顷，比 2009 年增加 10.2 千公顷，增幅 0.3%。机电提灌面积 2 493.6 千公顷，比 2009 年增加 27.6 千公顷，增幅 1.1%。

　　江西机电排灌面积 574.7 千公顷，比 2009 年增加 2.5 千公顷，增幅 0.4%。机电提灌面积 407.1 千公顷，比 2009 年增加 2.5 千公顷，增幅 0.6%。

　　湖北机电排灌面积 1 384.0 千公顷，减少 3.7 千公顷，减幅 0.3%。机电提灌面积 1 108.7 千公顷，比 2009 年增加 1.5 千公顷，增幅 0.1%。

　　湖南机电排灌面积 1 188.9 千公顷，比 2009 年增加 6.8 千公顷，增幅 0.6%。机电提灌面积 1 016.0 千公顷，增加 3.4 千公顷，增幅 0.3%。

　　四川机电排灌面积 285.9 千公顷，比 2009 年增加 15.8 千公顷，增幅 5.8%。机电提灌面积 252.8 千公顷，比 2009 年增加 15.6 千公顷，增幅 6.6%。

总体上，2010 年粮食主产省机电排灌面积 32 892.2 千公顷，比 2009 年增加 589.4 千公顷，增幅 1.8 ％。机电提灌面积 29 068.1 千公顷，增加 621.6 千公顷，增幅 2.2％。

（五）灌溉面积与耕地匹配

灌溉面积与耕地匹配可以分为灌溉总面积、有效灌溉面积、有效实灌面积和旱涝保收面积与耕地匹配 4 种情况。

2010 年全国灌溉面积占耕地面积 54.5％，比 2009 年增加了 0.01 个百分点。有效灌溉面积占耕地面积 49.6％，比 2009 年增加 1.0 个百分点有效实灌面积占耕地面积 43.2％，比 2009 年增加 0.64 个百分点。旱涝保收面积占耕地面积百分比 35.2％，比 2009 年增加 0.42 个百分点（表 2-9）。

表 2-9 2010 年全国和分区灌溉面积占耕地面积比例及变化

区域	灌溉总面积占耕地比例（％）	比 2009 年变化量（百分点）	有效灌溉面积占耕地比例（％）	比 2009 年变化量（百分点）	有效实灌占耕地比例（％）	比 2009 年变化量（百分点）	旱涝保收占耕地比例（％）	比 2009 年变化量（百分点）
全国	54.5	0.01	49.6	1.0	43.2	0.64	35.2	0.42
华北	63.9	0.68	57.8	0.50	50.2	0.35	41.3	0.55
东北	34.3	2.50	33.3	2.48	26.8	1.78	20.0	1.31
东南	61.7	0.32	57.9	0.33	53.0	0.57	44.8	0.00
西南	34.6	0.78	33.1	0.80	26.2	0.37	20.8	0.08
西北	87.7	1.42	67.1	0.61	61.6	0.09	47.9	−0.79

华北灌溉面积占耕地面积 63.9％，比 2009 年增加 0.68 个百分点。有效灌溉面积占 57.8％，比 2009 年增加 0.50 个百分点。有效实灌面积占 50.2％，比 2009 年增加 0.35 个百分点。旱涝保收面积占 41.3％，比 2009 年增加 0.55 个百

分点。

东北灌溉面积占耕地面积的 34.3%，比 2009 年增加 2.50 个百分点；有效灌溉面积占 33.3%，比 2009 年增加 2.48 个百分点；有效实灌面积占 26.8%，比 2009 年增加 1.78 个百分点；旱涝保收面积占 20.0%，比 2009 年增加 1.31 个百分点。

东南灌溉面积占耕地面积的 61.7%，比 2009 年增加 0.32 个百分点；有效灌溉面积占 57.9%，比 2009 年增加 0.33 个百分点；有效实灌面积占 53.0%，比 2009 年增加 0.57 个百分点；旱涝保收面积占 44.8%，与 2009 年持平。

西南灌溉面积占耕地面积的 34.6 %，比 2009 年增加 0.78 个百分点；有效灌溉面积占 33.1%，比 2009 年增加 0.80 个百分点；有效实灌面积占 26.2%，比 2009 年增加 0.37 个百分点；旱涝保收面积占 20.8%，比 2009 年增加 0.08 个百分点。

西北灌溉面积占耕地面积 87.7%，比 2009 年增加 1.42 个百分点；有效灌溉面积占耕地面积 67.1%，比 2009 年增加 0.61 个百分点；有效实灌面积占 61.6%，比 2009 年增加 0.09 个百分点；旱涝保收面积占 47.9%，比 2009 年减少 0.79 个百分点。

2010 年 13 个粮食主产省份灌溉面积占耕地 56.8%，有效灌溉面积占 53.3%，有效实灌面积占 46.4%，旱涝保收面积占 38.5%（表 2 - 10）。

表 2 - 10　2010 年粮食主产省灌溉面积占耕地面积比例

区域	灌溉总面积占耕地比例（%）	有效灌溉面积占耕地比例（%）	有效实灌占耕地比例（%）	旱涝保收占耕地比例（%）
河北	78.7	72.0	66.1	56.3
内蒙古	52.9	42.4	32.6	21.5

(续)

区域	灌溉总面积占耕地比例（％）	有效灌溉面积占耕地比例（％）	有效实灌占耕地比例（％）	旱涝保收占耕地比例（％）
河南	65.3	64.1	57.2	51.7
山东	73.8	65.9	57.1	47.7
辽宁	42.2	37.6	28.7	25.4
吉林	31.6	31.2	21.6	19.2
黑龙江	32.8	32.8	28.6	18.5
江苏	85.5	80.2	73.6	64.7
安徽	62.0	61.4	52.9	45.8
江西	68.0	65.5	64.1	53.0
湖北	54.1	51.0	45.7	37.6
湖南	74.6	72.3	67.1	59.2
四川	44.0	42.9	35.2	29.5
13省份总计	56.8	53.3	46.4	38.5

（六）节水灌溉面积

2010 年全国节水灌溉面积 27 313.9 千公顷，比 2009 年增加 1 558.8 千公顷，增幅 6.1％，节水灌溉面积占总灌溉面积 41.2％（表 2 - 11）。

华北节水灌溉面积 10 196.7 千公顷，比 2009 年增加 487.8 千公顷，增幅 5.0％。节水灌溉面积占总灌溉面积 46.9％。东北 3 427.9 千公顷，比 2009 年增加 452.5 千公顷，增幅 15.2％，占总灌溉面积 46.6％。东南 6 067.2 千公顷，比 2009 年增加 194.6 千公顷，增幅 3.3％，占总灌溉面积 27.9％。西南 3 102.6 千公顷，比 2009 年增加 150.6 千公顷，增幅 5.1％，占总灌溉面积的 47.6％。西北 4 227.5 千公顷，比 2009 年增加 262.4 千公顷，增幅 6.6％，占总灌溉面积的 54.7%。

表 2-11 2010 年全国和分区节水灌溉面积及变化

区域	2010 年节水灌溉面积（千公顷）	比 2009 年变化量（千公顷）	比 2009 年变化率（%）	节水灌溉面积占灌溉总面积（%）
全国	27 313.9	1 558.8	6.1	41.2
华北	10 196.7	487.8	5.0	46.9
东北	3 427.9	452.5	15.2	46.6
东南	6 067.2	194.6	3.3	27.9
西南	3 102.6	150.6	5.1	47.6
西北	4 227.5	262.4	6.6	54.7

2010 年河北节水灌溉面积 2 698.8 千公顷，比 2009 年增加 103.9 千公顷，比 2009 年增加 4.0%，节水灌溉总面积占总灌溉面积 54.3%（表 2-12）。内蒙古 2 328.6 千公顷，比 2009 年增加 162.8 千公顷，增幅 7.5%，占总灌溉面积 61.6%。河南 1 536.6 千公顷，增加 69.5 千公顷，增幅 4.7%，占总灌溉面积 29.7 %。山东 2 264.9 千公顷，增加 68.1 千公顷，增幅 3.3%，占总灌溉面积的 40.8%。辽宁 501.6 千公顷，增加 35.4 千公顷，增幅 7.6%，占总灌溉面积 29.1%。吉林 262.6 千公顷，增加 11.7 千公顷，增幅 4.7%，占总灌溉面积 15.0%。黑龙江 2 663.8 千公顷，增加 405.4 千公顷，增幅 18.0%，节水灌溉面积占总灌溉面积 68.6%。

表 2-12 2010 年全国粮食主产省节水灌溉面积及变化

区域	2010 年节水灌溉面积（千公顷）	比 2009 年变化量（千公顷）	比 2009 年变化率（%）	节水灌溉面积占灌溉总面积（%）
河北	2 698.8	103.9	4.0	54.3
内蒙古	2 328.6	162.8	7.5	61.6

（续）

区域	2010 年节水灌溉面积（千公顷）	比 2009 年变化量（千公顷）	比 2009 年变化率（%）	节水灌溉面积占灌溉总面积（%）
河南	1 536.6	69.5	4.7	29.7
山东	2 264.9	68.1	3.3	40.8
辽宁	501.6	35.4	7.6	29.1
吉林	262.6	11.7	4.7	15.0
黑龙江	2 663.8	405.4	18.0	68.6
江苏	1 627.9	38.0	2.4	40.0
安徽	815.8	27.1	3.4	23.0
江西	299.8	32.3	12.1	15.6
湖北	402.0	24.8	6.6	15.9
湖南	312.7	11.4	3.8	11.1
四川	1 250.9	76.0	6.9	47.8
13 省份总计	16 965.9	1 092.7	6.9	38.3

江苏节水灌溉面积 1 627.9 千公顷，比 2009 年增加 38.0 千公顷，增幅 2.4%，节水灌溉面积占总灌溉面积 40.0%。安徽 815.8 千公顷，增加 27.1 千公顷，增幅 3.4%，占总灌溉面积 23.0%。江西 299.8 千公顷，增加 32.3 千公顷，增幅 12.1%，占总灌溉面积的 15.6%。湖北 402.0 千公顷，比 2009 年增加 24.8 千公顷，增幅 6.6%，占总灌溉面积 15.9%。湖南 312.7 千公顷，比 2009 年增加 11.4 千公顷，增幅 3.8%，占总灌溉面积 11.1%。四川 1250.9 千公顷，比 2009 年增加 76.0 千公顷，增幅 6.9%，占总灌溉面积的 47.8%。总体上，粮食主产省节水灌溉面积 16 965.9 千公顷，比 2009 年增加 1 092.7 千公顷，增幅 6.9%，节水灌溉面积占总灌溉面积 38.3%。

三、农业用水与粮食生产

（一）粮食播种面积与粮食生产

2010 年全国粮食（水稻、小麦、玉米、大豆）播种面积 95 146.1 千公顷，比 2009 年增加 856.2 千公顷，增幅 0.9%。粮食产量 50 327.5 万吨，比 2009 年增加 1409.7 万吨，增幅 2.9%（表 3 - 1）。

表 3 - 1　2010 年全国和分区粮食播种面积和产量

区域	2010 年播种面积（千公顷）	比 2009 年变化量（千公顷）	比 2009 年变化率（%）	2010 年粮食产量（万吨）	比 2009 年变化量（万吨）	比 2009 年变化率（%）
全国	95 146.1	856.2	0.9	50 327.5	1 409.7	2.9
华北	28 722.6	310.2	1.1	15 357.7	379.8	2.5
东北	17 967.1	342.4	1.9	9 152.0	1 047.5	12.9
东南	27 562.6	61.9	0.2	15 546.0	−122.4	−0.8
西南	13 888.2	24.5	0.2	7 075.8	−20.9	−0.3
西北	7 005.6	117.2	1.7	3 196.0	125.7	4.1

华北粮食播种面积 28 722.6 千公顷，比 2009 年增加 310.2 千公顷，增幅 1.1%。粮食总产 15 357.7 万吨，比 2009 年增加 379.8 万吨，增幅 2.5%。

东北粮食播种面积 17 967.1 千公顷，比 2009 年增加 342.4 千公顷，增幅 1.9%。粮食总产 9 152.0 万吨，比 2009 年增加 1 047.5 万吨，增幅 12.9%。

东南粮食播种面积 27 562.6 千公顷，比 2009 年增加 61.9

千公顷，增幅 0.2%。粮食总产 15 546.0 万吨，比 2009 年减少 122.4 万吨，减幅 0.8%。

西南粮食播种面积 13 888.2 千公顷，比 2009 年增加 24.5 千公顷，增幅 0.2%。粮食总产 7 075.8 万吨，比 2009 年减少 20.9 万吨，减幅 0.3%。

西北粮食播种面积 7 005.6 千公顷，比 2009 年增加 117.2 千公顷，增幅 1.7%。粮食总产 3 196.0 万吨，增产 125.7 万吨，增幅 4.1%。

2010 年粮食主产省粮食播种面积和产量见表 3‑2。其中，河北粮食播种面积 5 656.5 千公顷，比 2009 年增加 60.6 千公顷，增幅 1.1%。粮食总产 2 821.2 万吨，比 2009 年增产 40.2 万吨，增幅 1.4%。

表 3‑2　2010 年粮食主产省粮食播种面积和产量

区域	2010 年播种面积（千公顷）	比 2009 年变化量（千公顷）	比 2009 年变化率（%）	2010 年粮食产量（万吨）	比 2009 年变化量（万吨）	比 2009 年变化率（%）
河北	5 656.5	60.6	1.1	2 821.2	40.2	1.4
内蒙古	3 956.0	34.6	0.9	1 839.1	147.4	8.7
河南	9 307.0	70.0	0.8	5 274.6	47.6	0.9
山东	6 802.3	44.0	0.7	4 135.7	15.3	0.4
辽宁	2 901.4	107.7	3.9	1 645.9	142.3	9.5
吉林	4 100.6	41.5	1.0	2 660.3	262.3	10.9
黑龙江	10 965.1	193.2	1.8	4 845.8	642.9	15.3
江苏	4 957.9	14.3	0.3	3 094.3	9.9	0.3
安徽	6 311.1	8.2	0.1	3 022.6	10.4	0.3
江西	3 446.1	38.5	1.1	1 889.2	−45.6	−2.4
湖北	3 671.7	20.5	0.6	2 187.6	−5.7	−0.3
湖南	4 452.5	5.6	0.1	2 706.1	−60.5	−2.2
四川	4 846.7	−13.5	−0.3	2 661.9	25.0	0.9
13 省份总计	71 374.9	625.2	0.9	38 784.3	1 231.5	3.3

内蒙古粮食播种面积 3 956.0 千公顷，比 2009 年增加 34.6 千公顷，增幅 0.9%。粮食总产 1 839.1 万吨，总产 147.4 万吨，增幅 8.7%。

河南粮食播种面积 9 307.0 千公顷，比 2009 年增加 70.0 千公顷，增幅 0.8%。粮食总产 5 274.6 万吨，增产 47.6 万吨，增幅 0.9%。

山东粮食播种面积 6 802.3 千公顷，比 2009 年增加 44.0 千公顷，增幅 0.7%。粮食总产 4 135.7 万吨，总产 15.3 万吨，增幅 0.4%。

辽宁粮食播种面积 2 901.4 千公顷，比 2009 年增加 107.7 千公顷，增幅 3.9%。粮食总产 1 645.9 万吨，总产 142.3 万吨，增产 9.5%。

吉林粮食播种面积 4 100.6 千公顷，比 2009 年增加 41.5 千公顷，增幅 1.0%。粮食总产 2 660.3 万吨，总产 262.3 万吨，增幅 10.9%。

黑龙江粮食播种面积 10 965.1 千公顷，比 2009 年增加 193.2 千公顷，增幅 1.8%。粮食总产 4 845.8 万吨，增产 642.9 万吨，增幅 15.3%。

江苏粮食播种面积 4 957.9 千公顷，比 2009 年增加 14.3 千公顷，增幅 0.3 %。粮食总产 3 094.3 万吨，增产 9.9 万吨，增幅 0.3%。

安徽粮食播种面积 6 311.1 千公顷，比 2009 年增加 8.22 千公顷，增幅 0.1%。粮食总产 3 022.6 万吨，增产 10.4 万吨，增幅 0.3%。

江西粮食播种面积 3 446.1 千公顷，比 2009 年增加 38.5 千公顷，增幅 0.6 %。粮食总产 1 889.2 万吨，减产 45.6 万吨，减幅 2.4%。

湖北粮食播种面积 3 671.7 千公顷，比 2009 年增加 20.5 千公顷，增产 1.8%。粮食总产 2 187.6 万吨，减产 5.7 万吨，减幅 0.3%。

湖南粮食播种面积 4 452.5 千公顷，比 2009 年增加 5.6 千公顷，增幅 0.1%。粮食总产 2 706.1 万吨，减产 60.5 万吨，减幅 2.2%。

四川粮食播种面积 4 846.7 千公顷，比 2009 年减少 13.5 千公顷，减幅 0.3%。粮食总产 2 661.9 万吨，增加 25.0 万吨，增幅 0.9%。

总体上，2010 年全国粮食主产省粮食播种面积 71 374.9 千公顷，比 2009 年增加 625.2 千公顷，增幅 0.9%。粮食总产 38 784.3 万吨，增产 1 231.5 万吨，增幅 3.3%。

2010 年全国水稻播种面积占 31.4%，小麦占 25.5%，玉米占 34.2%，大豆占 9.0%。与 2009 年相比，水稻比例没有变化，小麦减少 0.3 个百分点，玉米增加 0.9 个百分点，大豆减少 0.7 个百分点（表 3 - 3）。

表 3 - 3 2010 年全国和分区粮食种植结构

区域	水稻比例（%）	小麦比例（%）	玉米比例（%）	大豆比例（%）
全国	31.4	25.5	34.2	9.0
华北	3.3	44.3	46.2	6.2
东北	21.4	1.7	50.7	26.2
东南	65.4	20.4	8.2	6.0
西南	46.8	15.5	32.8	4.9
西北	4.0	49.4	41.5	5.1

华北水稻占 3.3%，小麦占 44.3%，玉米占 46.2%，大豆占 6.2%。与 2009 年相比，水稻比例没有变化，小麦比例减少 0.2 个百分点，玉米增加 0.5 个百分点，大豆减少 0.3 个百分点。

东北水稻占 21.4%，小麦占 1.7%，玉米占 50.7%，大豆占 26.2%。与 2009 年相比，水稻增加 1.5 个百分点，小麦减少 0.1 个百分点，玉米增加 2.2 个百分点，大豆减少 3.7 个百分点。

东南水稻占 65.4%，小麦占 20.4%，玉米占 8.2%，大豆占 6.0%。与 2009 年相比，水稻减少 0.2 个百分点，小麦增加 0.1 个百分点，玉米增加 0.2 个百分点，大豆减少 0.1 个百分点。

西南水稻占 46.8%，小麦占 15.5%，玉米占 32.8%，大豆占 4.9%。与 2009 年相比，水稻减少 0.6 个百分点，小麦减少 0.2 个百分点，玉米增加 0.8 个百分点，大豆增加 0.1 个百分点。

西北水稻占 4.0%，小麦占 49.4%，玉米占 41.5%，大豆占 5.1%。与 2009 年相比，水稻减少 0.1 个百分点，小麦减少 2.7 个百分点，玉米增加 3.2 个百分点，大豆减少 0.4 个百分点。

河北水稻占 1.4%，小麦占 42.8%，玉米占 53.2%，大豆占 2.6%。与 2009 年相比，水稻减少 0.1 个百分点，小麦比例不变，玉米减少 0.5 个百分点，大豆减少 0.4 个百分点（表 3-4）。

内蒙古水稻占 2.3%，小麦占 14.3%，玉米占 62.8%，大豆占 20.5%。与 2009 年相比，水稻减少 0.3 个百分点，小麦增加 0.8 个百分点，玉米增加 0.3 个百分点，大豆减少 0.9 个百分点。

河南水稻占 6.7%，小麦占 56.7%，玉米占 31.7%，大豆占 4.9%。与 2009 年相比，水稻增加 0.1 个百分点，小麦减少 0.3 个百分点，玉米增加 0.4 个百分点，大豆减少 0.2 个百分点。

山东水稻占 1.9%，小麦占 52.4%，玉米占 43.4%，大豆占 2.3%。与 2009 年相比，水稻减少 0.1 个百分点，小麦减少 0.1 个百分点，玉米增加 0.2 个百分点，大豆减少 0.1 个百分点。

表 3-4　2010 年粮食主产省粮食种植结构

区域	水稻比例（%）	小麦比例（%）	玉米比例（%）	大豆比例（%）
河北	1.4	42.8	53.2	2.6
内蒙古	2.3	14.3	62.8	20.5
河南	6.7	56.7	31.7	4.9
山东	1.9	52.4	43.4	2.3
辽宁	23.4	0.3	72.1	4.3
吉林	16.4	0.1	74.3	9.2
黑龙江	25.3	2.6	39.8	32.4
江苏	45.1	42.2	8.1	4.6
安徽	35.6	37.5	12.1	14.9
江西	96.3	0.3	0.5	2.9
湖北	55.5	27.0	14.5	2.8
湖南	90.5	0.9	6.6	2.0
四川	41.4	26.1	28.0	4.6

辽宁水稻占 23.4%，小麦占 0.3%，玉米占 72.1%，大豆占 4.3%。与 2009 年相比，水稻减少 0.1 个百分点，小麦基本没变，玉米增加 1.8 个百分点，大豆减少 1.6 个百分点。

吉林水稻占 16.4%，小麦占 0.1%，玉米占 74.3%，大豆占 9.2%。与 2009 年相比，水稻增加 0.1 个百分点，小麦比例不变，玉米增加 1.4 个百分点，大豆减少 1.6 个百分点。

黑龙江水稻占 25.3%，小麦占 2.6%，玉米占 39.8，大豆占 32.4%。与 2009 年相比，水稻增加 2.5 个百分点，小麦减少 0.1 个百分点，玉米增加 2.6 个百分点，大豆减少 4.8 个百分点。

江苏水稻占 45.1%，小麦占 42.2%，玉米占 8.1%，大豆占 4.6%。与 2009 年相比，水稻减少 0.1 个百分点，小麦增加 0.2 个百分点，玉米比例不变，大豆减少 0.1 个百分点。

安徽水稻占 35.6%，小麦占 37.5%，玉米占 12.1%，大豆占 14.9%。与 2009 年相比，水稻比例不变，小麦增加 0.1 个百分点，玉米增加 0.5 个百分点，大豆减少 0.5 个百分点。

江西水稻占 96.3%，小麦占 0.3%，玉米占 0.5%，大豆占 2.9%。与 2009 年相比，均未发生变化。

湖北水稻占 55.5%，小麦占 27.2%，玉米占 14.5%，大豆占 2.8%。与 2009 年相比，水稻减少 0.5 个百分点，小麦比例未变，玉米增加 0.6 个百分点，大豆减少 0.1 个百分点。

湖南水稻占 90.5%，小麦占 0.9%，玉米占 6.6%，大豆占 2.0%。与 2009 年相比，水稻减少 0.5 个百分点，小麦增加 0.3 个百分点，玉米增加 0.3 个百分点，大豆比例未变。

四川水稻占 41.4%，小麦占 26.1%，玉米占 28.0%，大豆占 4.6%。与 2009 年相比，水稻减少 0.3 个百分点，小麦减少 0.2 个百分点，玉米增加 0.5 个百分点，大豆比例未变。

（二）粮食总产与粮食耗水量

2010 年全国粮食耗水量 5 176.8 亿米^3，比 2009 年减少 17.4 亿米^3，减幅 0.3%。而粮食总产则比 2009 年增加 2.9%（表 3 - 5）。

华北粮食耗水量 1 129.8 亿米^3，比 2009 年减少 7.0 亿米^3，减幅 0.6%，粮食总产增加 2.5 %。东北粮食耗水量 936.4 亿米^3，比 2009 年增加 17.3 亿米^3，增幅 1.9 %，而粮食总产增加 12.9%。东南粮食耗水量 1 580.4 亿米^3，比 2009 年减少 21.7 亿米^3，减幅 1.4%，粮食总产减幅 0.8%。西南粮食耗水量 852.9 亿米^3，比 2009 年减少 6.4 亿米^3，减幅 0.8%，而粮食总产减幅 0.3%。西北粮食耗水量 677.4 亿米³，比 2009 年增加 0.5 亿米³，增幅 0.1%，而粮食总产增幅 4.1%。

表 3 - 5　2010 年全国和分区粮食耗水量及变化

区域	2010 年粮食耗水量（亿米³）	比 2009 年变化量（亿米³）	比 2009 年变化率（%）	粮食总产比 2009 年变化率（%）
全国	5 176.8	−17.4	−0.3	2.9
华北	1 129.8	−7.0	−0.6	2.5
东北	936.4	17.3	1.9	12.9
东南	1 580.4	−21.7	−1.4	−0.8
西南	852.9	−6.4	−0.8	−0.3
西北	677.4	0.5	0.1	4.1

河北粮食耗水量 234.7 亿米³，比 2009 年增加 0.8 亿米³，增幅 0.4%，而粮食总产增幅 1.4 %（表 3 - 6）。内蒙古粮食耗水量 229.2 亿米³，比 2009 年减少 4.1 亿米³，减幅 1.8%，而粮食总产增幅 8.7%。河南粮食耗水量 258.2 亿米³，比 2009 年增加 7.3 亿米³，增幅 2.8%，而粮食总产增幅 0.9%。山东粮食耗水量 262.6 亿米³，比 2009 年增加 0.2 亿米³，增幅 0.1%，而粮食总产增幅 0.4%。辽宁粮食耗水量 148.3 亿米³，比 2009 年减少 0.6 亿米³，减幅 0.4%，而粮食总产增加 9.5%。吉林粮食耗水量 211.5 亿米³，比 2009 年减少 0.9 亿米³，减幅 0.4%，而粮食总产增加 10.9%。黑龙江耗水量 576.5 亿米³，比 2009 年增加 18.8 亿米³，增幅 3.4%，而粮食总产增幅 15.3%。

表 3 - 6　2010 年粮食主产省粮食耗水量及变化

区域	2010 年粮食耗水量（亿米³）	比 2009 年变化量（亿米³）	比 2009 年变化率（%）	粮食总产比 2009 年变化率（%）
河北	234.7	0.8	0.4	1.4
内蒙古	229.2	−4.1	−1.8	8.7

（续）

区域	2010年粮食耗水量（亿米^3）	比2009年变化量（亿米^3）	比2009年变化率（%）	粮食总产比2009年变化率（%）
河南	258.2	-7.3	-2.8	0.9
山东	262.6	0.2	0.1	0.4
辽宁	148.3	-0.6	-0.4	9.5
吉林	211.5	-0.9	-0.4	10.9
黑龙江	576.5	18.8	3.4	15.3
江苏	328.0	1.7	0.5	0.3
安徽	239.3	0.9	0.4	0.3
江西	179.3	-3.7	-2.0	-2.4
湖北	192.8	-12.9	-6.3	-0.3
湖南	211.7	-2.4	-1.1	-2.2
四川	237.1	1.3	0.5	0.9
13省份总计	3 309.3	-8.3	-0.3	3.3

　　江苏耗水量328.0亿米^3，比2009年增加1.7亿米^3，增幅0.5%，而粮食总产增幅0.3%。安徽粮食耗水量239.3亿米^3，比2009年增加0.9亿米^3，增幅0.4%，而粮食总产增幅0.3%。江西粮食耗水量179.3亿米^3，比2009年减少3.7亿米^3，减幅2.0%，而粮食总产减幅2.4%。湖北粮食耗水量192.8亿米^3，比2009年减少12.9亿米^3，减幅6.3%，而粮食总产减幅0.3%。湖南粮食耗水量211.7亿米^3，比2009年减少2.4亿米^3，减幅1.1%，而粮食总产减幅2.2%。四川粮食耗水量237.1亿米^3，比2009年增加1.3亿米^3，增幅0.5%，而粮食总产增幅0.9%。

　　总体上2010年粮食主产省粮食耗水量3 309.3亿米^3，比2009年减少8.3亿米^3，减幅0.3%，而粮食总产增幅3.3%。内蒙古、黑龙江、吉林和辽宁的产量大幅增加，但耗水却有所减少，这个主要是由于种植结构的变化引起的。较为耗水的大豆种植面积和比例下降，产量较高而耗水相对较少（水分生产力较高）的玉米面积和产量增加。

（三）主要粮食作物耗水量

2010 年全国粮食耗水量 5 176.8 亿米³，其中全国主要粮食作物（水稻、小麦、玉米、大豆）中，水稻耗水量最多，为 2 259.8 亿米³，占总耗水量的 48.5%；小麦耗水量 1 166.3 亿米³，占 22.5%；玉米耗水量 1 242.0 亿米³，占 24.0%；大豆耗水量 258.7 亿米³，占 5.0%（表 3 - 7）。

表 3 - 7　2010 年全国主要粮食作物耗水量、产量及所占比例

作物	水稻	小麦	玉米	大豆
耗水量（亿米³）	2 259.8	1 166.3	1 242.0	258.7
所占比例（%）	48.5	22.5	24.0	5.0
产量（万吨）	19 576.4	11 518	17 724.5	1 508.6
所占比例（%）	38.9	22.9	35.2	3.0

2010 年，全国水稻总产 19 576.4 万吨，占主要粮食作物总产量的 38.9%。小麦总产 11 518.0 万吨，占主要粮食作物总产量的 22.9%。玉米总产 17 724.5 万吨，占主要粮食作物总产的 35.2%。大豆总产 1 508.6 万吨，占主要粮食作物总产的 3.0%。

四、农业用水效率

（一）粮食作物水分生产力

2010 年全国粮食水分生产力 0.972 千克/米³，比 2009 年增加 0.030 千克/米³，增幅 3.23%（表 4-1）。华北粮食水分生产力 1.359 千克/米³，比 2009 年增加 0.042 千克/米³，增幅 3.17%。东北粮食水分生产力 0.977 千克/米³，比 2009 年增加 0.096 千克/米³，增幅 10.84%。东南粮食水分生产力 0.984 千克/米³，比 2009 年增加 0.006 千克/米³，增幅 0.58%。西南粮食水分生产力 0.830 千克/米³，比 2009 年增加 0.004 千克/米³，增幅 0.46%。西北粮食水分生产力 0.472 千克/米³，比 2009 年增加 0.018 千克/米³，增幅 4.02%。

表 4-1　2010 年全国和分区粮食水分生产力和变化量

区域	2010 年水分生产力 （千克/米³）	比 2009 年变化量 （千克/米³）	比 2009 年变化率 （%）
全国	0.972	0.030	3.23
华北	1.359	0.042	3.17
东北	0.977	0.096	10.84
东南	0.984	0.006	0.58
西南	0.830	0.004	0.46
西北	0.472	0.018	4.02

河北粮食水分生产力 1.202 千克/米³，比 2009 年提高 0.013 千克/米³，增幅 1.09%（表 4-2）。内蒙古粮食水分生产力 0.802 千克/米³，比 2009 年增加 0.077 千克/米³，增幅 10.68%。河南粮食水分生产力 2.043 千克/米³，比 2009 年增加 0.074 千克/米³，增幅 3.77%。山东粮食水分生产力 1.575 千克/米³，比 2009 年增加 0.005 千克/米³，增幅 0.3%。辽宁粮食水分生产力 1.110 千克/米³，比 2009 年增加 0.1 千克/米³，增幅 9.94%。吉林粮食水分生产力 1.258 千克/米³，比 2009 年增加 0.129 千克/米³，增幅 11.4%。黑龙江粮食水分生产力 0.841 千克/米³，比 2009 年增加 0.087 千克/米³，增幅 11.54%。

表 4‑2　2010 年粮食主产省粮食水分生产力和变化量

区域	2010 年水分生产力 （千克/米³）	比 2009 年变化量 （千克/米³）	比 2009 年变化率 （%）
河北	1.202	0.013	1.09
内蒙古	0.802	0.077	10.68
河南	2.043	0.074	3.77
山东	1.575	0.005	0.3
辽宁	1.110	0.1	9.94
吉林	1.258	0.129	11.4
黑龙江	0.841	0.087	11.54
江苏	0.943	−0.002	−0.19
安徽	1.263	0.000	0.0
江西	1.053	−0.004	−0.36
湖北	1.134	0.068	6.39
湖南	1.278	−0.014	−0.16
四川	1.123	0.004	0.40

　　江苏粮食水分生产力 0.943 千克/米³，比 2009 年增加 0.002 千克/米³，增幅 0.19%。安徽粮食水分生产力 1.263 千克/米³，与 2009 年相等。江西粮食水分生产力 1.053 千克/米³，比 2009 年减少 0.004 千克/米³，减幅 0.36%。湖北粮食水分生产力 1.134 千克/米³，比 2009 年增加 0.068 千克/米³，增幅 6.39%。湖南粮食水分生产力 1.278 千克/米³，比 2009 年减少 0.014 千克/米³，减幅 0.16%。四川粮食水分生产力 1.123 千克/米³，比 2009 年增加 0.004 千克/米³，增幅 0.40%。

（二）粮食水分生产力和粮食单产

　　农业用水和粮食单产之间关系密切，总体上，粮食单产越高，粮食水分生产力越高（图 4‑1）。本报告中计算的粮食单产是用 4 种粮食作物的总产除以 4 种粮食作物的总播种面积。

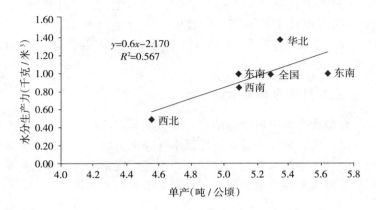

图 4-1　2010 年全国和分区粮食水分生产力和粮食单产关系

2010 年全国粮食单产 5.29 吨/公顷，水分生产力 0.972 千克/米³。华北粮食单产 5.35 吨/公顷，水分生产力 1.359 千克/米³。东北粮食单产 5.09 吨/公顷，水分生产力 0.977 千克/米³。东南粮食单产 5.64 吨/公顷，水分生产力 0.984 千克/米³。西南粮食单产 5.09 吨/公顷，水分生产力 0.830 千克/米³。西北粮食单产 4.56 吨/公顷，水分生产力 0.472 千克/米³。

河北省粮食单产 4.99 吨/公顷，水分生产力 1.202 千克/米³。内蒙古粮食单产 5.03 吨/公顷，水分生产力 0.874 千克/米³。河南粮食单产 5.71 吨/公顷，水分生产力 2.061 千克/米³。山东粮食单产 6.15 吨/公顷，水分生产力 1.733 千克/米³。辽宁粮食单产 6.51 吨/公顷，水分生产力 1.286 千克/米³。吉林粮食单产 7.36 吨/公顷，水分生产力 1.388 千克/米³。黑龙江粮食单产 4.88 吨/公顷，水分生产力 0.910 千克/米³。江苏粮食单产 6.35 吨/公顷，水分生产力 0.954 千克/米³。安徽粮食单产 4.86 吨/公顷，水分生产力 1.271 千克/

米³。江西粮食单产 5.75 吨/公顷，水分生产力 1.053 千克/米³。湖北粮食单产 6.11 吨/公顷，水分生产力 1.166 千克/米³。湖南粮食单产 6.18 吨/公顷，水分生产力 1.326 千克/米³。四川粮食单产 5.59 吨/公顷，水分生产力 1.150 千克/米³。

（三）灌溉水与降水贡献率

在粮食生产中所消耗的水，既有灌溉水消耗的分量，也有降水消耗的分量。通过计算灌溉水和降水贡献率，可以对区域粮食生产中灌溉水和降水起到的作用进行定量评价，为进一步提高灌溉水和降水的利用效率提供决策参考和依据。

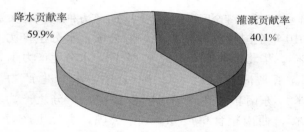

降水贡献率 59.9%　　灌溉贡献率 40.1%

图 4-2　2010 年全国粮食生产灌溉贡献率和降水贡献率

2010 年全国粮食生产中灌溉"蓝水"贡献率 40.1%，耕地有效降水"绿水"贡献率 59.9%（图 4-2）。2009 年全国粮食生产中灌溉贡献率 41.5%，降水贡献率 58.5%。和 2009 年相比，灌溉贡献率减少 1.4 个百分点，降水贡献率增加 1.4 个百分点。2010 年耕地有效降水量比 2009 年增加 5.78%，在这种情况下，降水对粮食总产的贡献率却比 2009 年减少。这主要是由于耕地降水具有极大的时空变异性，而耕地灌溉则大部分满足作物需水关键时期的需求。因此，虽然 2010 年耕地有效降水比 2009 年增加，相应地，降水对粮食生产的贡献率提高。

五、结　　语

2010 年全国降水总量比 2009 年增加 17.7%，水资源总量增加 27.8%；年耕地降水总量增幅 9.76%，耕地灌溉总量减少 8.33%，广义农业水资源总量增加 1.41%。同年，全国粮食播种面积增加 0.9%，粮食总产增加 2.88%，单产提高 1.96%，粮食生产耗水减少 0.34%，水分生产力提高 3.23%。全国 13 个粮食主产省中，10 个省的水分生产力上升，只有江苏、江西、湖南小幅下降。

分区考察，华北降水量比 2009 年增加 8.5%，水资源总量增幅 19.1%。耕地降水量增幅 4.7%，耕地灌溉量减少 2.58%，广义农业水资源量增加 2.2%。同年，粮食播种面积增加 1.09%，粮食总产增加 2.54%，粮食总耗水量减少 0.61%，粮食水分生产力提高 3.17%。

东北降水量比 2009 年增加 17.0%，水资源总量增加 47.2%，耕地降水量增加 8.62%，耕地灌溉量增加 2.7%，广义农业水资源量增加 6.4%。同年，粮食播种面积增加 1.94%，总产增加 12.9%，单产提高 10.77%，粮食耗水总量增加 1.88%，水分生产力提高 10.84%，幅度较大。水分生产力得到大幅度提升，主要源于单产提高较大，同时也由于玉米种植比例上升。

东南降水量比 2009 年增加 25.9%，水资源总量增加 46.8%，耕地降水量比 2009 年增加 6.65%，耕地灌溉量比 2009 年减少 1.4%，广义农业水资源增加 2.73%。同年，粮食播种面积增加 0.23%，粮食总产却减少 0.78%，单产降低 1.0%，粮食耗水总量减少 1.36%，水分生产力提高 0.58%。

　　西南降水量比 2009 年增加 14.1%，水资源总量增加 13.3%，耕地有效降水增加 13.9%，耕地灌溉增加 0.44%，广义农业水资源量增加 13.7%。同年，粮食播种面积增加 0.18%，总产减少 0.29%，粮食单产降低 0.47%。总耗水量减少 0.75%，粮食水分生产力提高 0.46%。

　　西北降水量比 2009 年增加 17.5%，水资源总量则减少 7.8%。耕地有效降水减少 8.09%，耕地灌溉减少 32.3%，广义农业水资源量减少 21.3%。同年，粮食播种面积增加 1.7%，总产增加 4.09%，单产提高 2.35%。总耗水增加 0.07%，粮食水分生产力提高了 4.02%。

第二部分

2011 年中国农业用水报告

一、水 资 源

（一）降水量

降水是水资源和农业用水的主要来源，我国多年平均降水量为 620 毫米，全国分布不均，南方多、北方少；东部多、西部少。2011 年，全国平均年降水量 582.3 毫米，折合降水总量为 55 132.9 亿米^3，比常年偏少 9.4%。2011 年平均年降水量比 2010 年少 113.1 毫米，折合降水总量比 2010 年少 10 716.3 亿米^3，减少 16.3%，降幅较大。

2011 年全国分区降水总量变化见表 1-1。与 2010 年相比，各区域降水量均有所减少。华北减少 219.9 亿米^3，减幅 3.0%；东北减少 1 597.8 亿米^3，减幅 29.2%；东南减少 5 779.2 亿米^3，减幅 27.4%；西南减少 2 393.4 亿米^3，减幅 10.5%，西北减少 726.0 亿米^3，减幅 8.1%。

表 1-1　2011 年全国和分区降水总量

区域	2011 年降水总量 （亿米^3）	比 2010 年变化量 （亿米^3）	比 2010 年变化率 （%）
全国	55 133.2	−10 716.3	−16.3
华北	7 159.7	−219.9	−3.0
东北	3 880.5	−1 597.8	−29.2
东南	15 333.7	−5 779.2	−27.4
西南	20 506.9	−2 393.4	−10.5
西北	8 252.4	−726.0	−8.1

2011 年全国 13 个粮食主产省降水总量变化见表 1-2，其中 11 个主产省的降水总量比 2010 年减少，2 个粮食主产省增

加。2011 年，河北省降水总量比 2010 年减少 61.1 亿米^3，减幅 6.2%；内蒙古减少 273.1 亿米^3，减幅 9.1%；河南减少 174.8 亿米^3，减幅 12.5%；辽宁减少 563.4 亿米^3，减幅 39.3%；吉林减少 557.7 亿米^3，减幅 37.3%；黑龙江减少 476.7 亿米^3，减幅 18.7%；安徽减少 341.1 亿米^3，减幅 18.7%；江西减少 1 306.5 亿米^3，减幅 37.5 %；湖北减少 541.2 亿米^3，减幅 22.8%；湖南减少 1 245.8 亿米^3，减幅 35.9%；四川减少 254.2 亿米^3，减幅 5.6%。山东增加 80.9 亿米^3，增幅 7.4%；江苏增加 23.0 亿米^3，增幅 2.3%。13 个粮食主产省整体上比 2010 年减少降水总量 5 691.7 亿米^3，减幅 19.8%。辽宁、吉林、江西、湖南 4 省减幅超过 30%，黑龙江、安徽、湖北、河南 4 省减幅 10% 以上。粮食主产省降水总量大幅度减少，给粮食生产带来较大压力。

表 1 - 2   2011 年粮食主产省降水总量

区域	2011 年降水总量 （亿米^3）	比 2010 年变化量 （亿米^3）	比 2010 年变化率 （%）
河北	925.9	−61.1	−6.2
内蒙古	2 741.2	−273.1	−9.1
河南	1 218.6	−174.8	−12.5
山东	1 171.8	80.9	7.4
辽宁	868.7	−563.4	−39.3
吉林	939.3	−557.7	−37.3
黑龙江	2 072.5	−476.7	−18.7
江苏	1 031.7	23.0	2.3
安徽	1 484.6	−341.1	−18.7
江西	2 176.4	−1 306.5	−37.5

（续）

区域	2011年降水总量 （亿米³）	比2010年变化量 （亿米³）	比2010年变化率 （%）
湖北	1 837.0	−541.2	−22.8
湖南	2 226.9	−1 245.8	−35.9
四川	4 314.1	−254.2	−5.6
13省份总计	23 008.7	−5 691.7	−19.8

（二）水资源总量

2011年全国地表水资源量为22 213.6亿米³，比常年值偏少16.8%；地下水资源量为7 214.5亿米³，比常年值偏少10.6%；地下水与地表水不重复量为1 043.1亿米³，水资源总量为23 256.7亿米³，比常年值偏少16.1%。2011年降水比2010年减少了16.3%，相应地，水资源总量比2010年减少了24.8 %。

2011年全国分区水资源总量变化情况见表1-3。各区域水资源总量比2010年均有所减少，其中华北减少76.9亿米³，减幅5.1%；东北减少906.7亿米³，减幅42.2 %；东南减少4 811.0亿米³，减幅39.0%；西南减少1 742.8亿米³，减幅14.1%；西北减少112.0亿米³，减幅4.3%。总体上，水资源总量增减和降水量增减的趋势基本一致，即降水量增加，水资源总量增加；降水量减少，水资源总量也随之减少。

表1-3　全国和分区水资源总量

区域	2011年水资源总量 （亿米³）	比2010年变化量 （亿米³）	比2010年变化率 （%）
全国	23 256.8	−7 649.4	−24.8
华北	1 418.3	−76.9	−5.1

（续）

区域	2011 年水资源总量 （亿米³）	比 2010 年变化量 （亿米³）	比 2010 年变化率 （%）
东北	1 240.2	−906.7	−42.2
东南	7 512.8	−4 811.0	−39.0
西南	10 611.3	−1 742.8	−14.1
西北	2 474.2	−112.0	−4.5

　　2011 年全国粮食主产省水资源总量变化情况见表 1 - 4。
13 个粮食主产省中，河北、内蒙古、山东、江苏 4 省水资源
总量增加，其他 9 省水资源总量减少。其中河南减少 206.9 亿
米³，减幅 38.7%；辽宁减少 311.9 亿米³，减幅 51.4%；吉
林减少 370.8 亿米³，减幅 54.0%；黑龙江减少 224.0 亿米³，
减幅 26.2%；安徽减少 320.7 亿米³，减幅 34.8%；江西减少
1 237.6 亿米³，减幅 54.4%；湖北减少 511.2 亿米³，减幅
40.3%；湖南减少 779.7 亿米³，减幅 40.9%；四川减少
335.8 亿米³，减幅 13.0%。河北增加 18.3 亿米³，增幅 13.2；
内蒙古增加 30.5 亿米³，增幅 7.9%；山东增加 38.5 亿米³，
增幅 12.5%；江苏增加 108.9 亿米³，增幅 28.4%。减少最多
的是辽宁、吉林和江西，均超过 50%，其次为湖北、湖南、
河南，减幅约 40%。

表 1 - 4　粮食主产省水资源总量

区域	2011 年水资源总量 （亿米³）	比 2010 年变化量 （亿米³）	比 2010 年变化率 （%）
河北	157.2	18.3	13.2
内蒙古	419.0	30.5	7.9
河南	328.0	−206.9	−38.7
山东	347.6	38.5	12.5
辽宁	294.8	−311.9	−51.4

（续）

区域	2011年水资源总量 （亿米³）	比2010年变化量 （亿米³）	比2010年变化率 （％）
吉林	315.9	−370.8	−54.0
黑龙江	629.5	−224.0	−26.2
江苏	492.4	108.9	28.4
安徽	602.1	−320.7	−34.8
江西	1 037.9	−1 237.6	−54.4
湖北	757.5	−511.2	−40.3
湖南	1 126.9	−779.7	−40.9
四川	2 239.5	−335.8	−13.0
13省份总计	8 748.3	−4 102.4	−31.9

综合分析表明，全国大部分粮食主产省的降水总量和水资源总量变化趋势一致。但值得注意的是，河北降水总量减少6.2％，水资源总量却增加了13.2％；内蒙古降水总量减少9.1％，水资源总量却增加了7.9％。

（三）地下水资源量

2011年，全国地下水资源总量为7 214.6亿米³，比2010年减少1 202.6亿米³，减幅14.3％（表1-5）。除华北略有增加外，其他各分区地下水资源均呈减少趋势。2011年，东北地下水资源量462亿米³，减少104.6亿米³，减幅18.5％；东南地下水资源量2 014.3亿米³，减少726.7亿米³，减幅26.5％；西南地下水资源量2 703.1亿米³，减少315.0亿米³，减幅10.4％；西北地下水资源量1 186.5亿米³，减少67.8亿米³，减幅5.7％。华北地下水资源量848.7亿米³，比2010年增加11.5亿米³，增幅1.4％。

表 1 - 5　2011 年全国和分区地下水资源总量

区域	2011 年地下水资源量 （亿米³）	比 2010 年变化量 （亿米³）	比 2010 年变化率 （％）
全国	7 214.6	−1 202.6	−14.3
华北	848.7	11.5	1.4
东北	462	−104.6	−18.5
东南	2 014.3	−726.7	−26.5
西南	2 703.1	−315.0	−10.4
西北	1 186.5	−67.8	−5.7

　　全国粮食主产省整体上地下水资源量减少，2011 年比2010 年减少 554.5 亿米³，减幅 16.2％（表 1 - 6）。河北、山东、江苏 3 省地下水资源量增加，其余 10 省地下水资源量减少。其中内蒙古减少 14.2 亿米³，减幅 6.2％；河南减少 22.9亿米³，减幅 10.7％；辽宁减少 34.9 亿米³，减幅 23.8％；吉林减少 29 亿米³，减幅 20.4 ％；黑龙江减少 40.7 亿米³，减幅 14.6％；安徽减少 54.3 亿米³，减幅 27.5％；江西减少171.6 亿米³，减幅 35.3％；湖北减少 54.2 亿米³，减幅17.7％；湖南减少 150.1 亿米³，减幅 34.9 ％；四川减少16.8 亿米³，减幅 2.8％。河北地下水从资源量比 2010 年增加13.3 亿米³，增幅 11.8％；山东增加 14.7 亿米³，增幅 8.1％；江苏增加 6.2 亿米³，增幅 5.7％。

表 1 - 6　2011 年粮食主产省地下水资源量

区域	2011 年地下水资源量 （亿米³）	比 2010 年变化量 （亿米³）	比 2010 年变化率 （％）
河北	126.2	13.3	11.8
内蒙古	213.4	−14.2	−6.2
河南	191.8	−22.9	−10.7

（续）

区域	2011 年地下水资源量 （亿米³）	比 2010 年变化量 （亿米³）	比 2010 年变化率 （％）
山东	195.9	14.7	8.1
辽宁	111.9	−34.9	−23.8
吉林	112.9	−29.0	−20.4
黑龙江	237.2	−40.7	−14.6
江苏	115.1	6.2	5.7
安徽	143.5	−54.3	−27.5
江西	315.2	−171.6	−35.3
湖北	251.9	−54.2	−17.7
湖南	279.9	−150.1	−34.9
四川	578.2	−16.8	−2.8
13 省份总计	2 873.1	−554.5	−16.2

（四）广义农业水资源

广义农业水资源是指进入到耕地，能够被作物利用的总水量，是耕地灌溉水量（称为"蓝水"）和耕地有效降水量（称为"绿水"）之和。

2011 年，全国平均降水量 582.3 毫米，按耕地总面积121 715.9 千公顷计算，降落在耕地上的有效降水量为 4 229.6亿米³，即全国耕地所能潜在利用的"绿水"资源总量（表 1-7）。2011 年全国耕地灌溉量为 3 360.4 亿米³，即全国耕地能够潜在利用的"蓝水"资源量。"绿水"和"蓝水"资源的总和为 7 590.0 亿米³，即 2011 年全国广义农业水资源总量。其中耕地有效降水量（绿水）占 55.7％，耕地灌溉水（蓝水）占 44.3％（图 1-1）。

表 1－7　2011 年全国及分省广义农业水资源量和组成

区域	年均降水量（毫米）	耕地面积（千公顷）	耕地有效降水量（亿米³）	耕地灌溉量（亿米³）	广义农业水资源量（亿米³）
全国	582.3	121 715.9	4 229.6	3 360.4	7 590.0
北京	552.3	231.7	8.2	6.7	14.9
天津	593.1	441.1	15.8	11.4	27.2
河北	493.3	6 317.3	206.0	132.1	338.1
山西	602.1	4 055.8	160.4	38.2	198.5
内蒙古	237	7 147.2	107.9	126.6	234.5
河南	736.2	7 926.4	341.1	114.7	455.8
山东	747.9	7 515.3	320.4	131.7	452.1
华北合计		33 634.8	1 159.86	561.27	1 721.13
辽宁	597	4 085.3	122.1	85.4	207.5
吉林	501.2	5 534.6	142.8	78.0	220.8
黑龙江	455.7	11 830.1	290.1	263.2	553.3
东北合计		21 450.0	555.04	426.55	981.60
上海	882.4	244.0	10.9	15.5	26.5
江苏	1 012.1	4 763.8	211.4	273.4	484.8
浙江	1 416.8	1 920.9	97.5	77.2	174.7
安徽	1 064.4	5 730.2	276.2	162.4	438.6
福建	1 356.7	1 330.1	69.6	93.3	162.9
江西	1 303.6	2 827.1	140.1	166.6	306.8
湖北	988.2	4 664.1	199.4	129.8	329.2
湖南	1 051.3	3 789.4	141.5	180.7	322.2
广东	1 461	2 830.7	129.1	186.8	315.9
海南	2 273.2	727.5	45.3	27.5	72.8
东南合计		32 878.1	1 321.23	1 313.28	2 634.51
重庆	1 091.8	2 235.9	74.7	21.9	96.6
四川	890.9	5 947.4	182.3	119.8	302.1

（续）

区域	年均降水量（毫米）	耕地面积（千公顷）	耕地有效降水量（亿米³）	耕地灌溉量（亿米³）	广义农业水资源量（亿米³）
贵州	820.6	4 485.3	149.5	49.6	199.1
云南	985.2	6 072.1	260.0	90.2	350.2
西藏	588	361.6	5.7	14.2	20.0
广西	1 268.8	4 217.5	210.6	174.8	385.4
西南合计		23 319.8	882.87	470.51	1 353.38
陕西	850.7	4 050.3	165.3	50.0	215.3
甘肃	300.3	4 658.8	80.5	89.3	169.8
青海	338.4	542.7	9.2	18.7	28.0
宁夏	283.6	1 107.1	21.4	61.1	82.5
新疆	167	4 124.6	34.2	369.7	403.9
西北合计		10 433.1	310.61	588.80	899.41

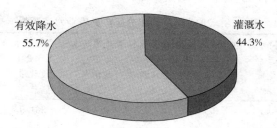

图 1-1　2011 年全国广义农业水资源中耕地有效降水
"绿水"和耕地灌溉"蓝水"的百分比

　　2011 年，全国耕地降水总量比 2010 年减少 405.3 亿米³，减幅 8.74 %。全国耕地灌溉水总量比 2010 年增加 43.4 亿米³，增幅 1.31%。广义农业水资源比 2010 年减少 361.9 亿米³，减幅 4.55%（表 1-8）。

　　分区结果表明，华北、西北广义农业水资源总量与 2010 年基本持平，东北、东南、西南广义农业水资源量下降。

　　华北耕地降水量比 2010 年增加 8.05 亿米³，增幅 0.70%；

耕地灌溉水减少 7.91 亿米³，减幅 1.39%；广义农业水资源量增加 0.14 亿米³，增幅 0.01%。

东北耕地降水量比 2010 年减少 153.98 亿米³，减幅 21.72%；耕地灌溉水增加 31.09 亿米³，增幅 7.86%；广义农业水资源总量减少 122.89 亿米³，减幅 11.13%。

东南耕地降水量比 2010 年减少 156.14 亿米³，减幅 10.57%；耕地灌溉水增加 20.36 亿米³，增幅 1.4%；广义农业水资源量减少 135.78 亿米³，减幅 4.90%。

西南耕地降水量比 2010 年减少 108.68 亿米³，减幅 10.96%；耕地灌溉水减少 2.33 亿米³，减幅 0.49%；广义农业水资源量减少 111.01 亿米³，减幅 7.58%。

西北耕地降水量比 2010 年增加 5.43 亿米³，增幅 1.78%；耕地灌溉水增加 2.20 亿米³，增幅 0.38%；广义农业水资源总量增加 7.63 亿米³，增幅 0.86%。

表 1-8　2011 年全国和分区广义农业水资源量

区域	耕地降水量比 2010 年变化量（亿米³）	耕地降水量比 2010 年变化率（%）	耕地灌溉水比 2010 年变化量（亿米³）	耕地灌溉水 2010 年变化率（%）	广义农业水资源比 2010 年变化量（亿米³）	广义农业水资源比 2010 年变化率（%）
全国	−405.3	−8.74	43.4	1.31	−361.9	−4.55
华北	8.05	0.70	−7.91	−1.39	0.14	0.01
东北	−153.98	−21.72	31.09	7.86	−122.89	−11.13
东南	−156.14	−10.57	20.36	1.57	−135.78	−4.90
西南	−108.68	−10.96	−2.33	−0.49	−111.01	−7.58
西北	5.43	1.78	2.20	0.38	7.63	0.86

（五）水土资源匹配

水土资源匹配是指单位耕地面积拥有的平均水资源量。本报告采用 3 种方法计算水土资源匹配：水资源总量和耕地匹配，即用水资源总量除以耕地面积；灌溉水和耕地匹配，即用灌溉水总量除以耕地面积；广义农业水资源和耕地匹配，即用广义农业水资源除以耕地面积。

2011 年，全国水资源总量和耕地匹配为 19 107.4 米³/公顷，灌溉水量和耕地匹配是 2 760.9 米³/公顷，广义农业水资源和耕地匹配是 6 235.9 米³/公顷（表 1-9）。

华北地区耕地面积占全国耕地面积的 27.63%，水资源总量仅占全国的 6.1%，灌溉水量占全国 16.7%，而广义农业水资源则占全国的 22.7%。

东北耕地面积占全国 17.62%，水资源总量占全国的 5.3%，灌溉水量占全国的 12.7%，广义农业水资源占全国的 12.7%。

东南耕地面积占全国 23.68%，水资源总量占全国 32.3%，灌溉水量占全国 39.1%，广义农业水资源占全国 34.7%。

表 1-9 2011 年全国、省、直辖市、自治区、分区水土资源匹配

区域	耕地比例（%）	水资源总量比例（%）	耕地灌溉水资源比例（%）	广义农业水资源比例（%）	水资源总量与耕地匹配（米³/公顷）	耕地灌溉水量与耕地匹配（米³/公顷）	广义农业水资源与耕地匹配（米³/公顷）
全国	100	100	100	100	19 107	2 760	6 235
北京	0.19	0.12	0.2	0.2	11 567	2 889	6 438
天津	0.36	0.07	0.3	0.4	3 491	2 576	6 163
河北	5.19	0.68	3.9	4.5	2 488	2 092	5 353
山西	3.33	0.53	1.1	2.6	3 065	941	4 895
内蒙古	5.87	1.80	3.8	3.1	5 862	1 771	3 281
河南	6.51	1.41	3.4	6.0	4 138	1 447	5 750
山东	6.17	1.49	3.9	6.0	4 625	1 752	6 016
华北合计	27.63	6.1	16.7	22.7	4 217	1 669	5 117
辽宁	3.36	1.27	2.5	2.7	7 216	2 091	5 080

（续）

区域	耕地比例（%）	水资源总量比例（%）	耕地灌溉水资源比例（%）	广义农业水资源比例（%）	水资源总量与耕地匹配（米³/公顷）	耕地灌溉水量与耕地匹配（米³/公顷）	广义农业水资源与耕地匹配（米³/公顷）
吉林	4.55	1.36	2.3	2.9	5 708	1 409	3 989
黑龙江	9.72	2.71	7.8	7.3	5 321	2 224	4 677
东北合计	17.62	5.3	12.7	12.9	5 782	1 989	4 576
上海	0.20	0.09	0.5	0.35	8 485	6 365	10 844
江苏	3.91	2.12	8.1	6.39	10 336	5 740	10 178
浙江	1.58	3.20	2.3	2.30	38 785	4 021	9 097
安徽	4.71	2.59	4.8	5.78	10 508	2 834	7 655
福建	1.09	3.33	2.8	2.15	58 259	7 012	12 246
江西	2.32	4.46	5.0	4.04	36 713	5 894	10 851
湖北	3.83	3.26	3.9	4.34	16 241	2 783	7 059
湖南	3.11	4.85	5.4	4.24	29 738	4 768	8 502
广东	2.33	6.33	5.6	4.16	51 976	6 598	11 161
海南	0.60	2.08	0.8	0.96	66 542	3 783	10 013
东南合计	23.68	32.3	39.1	34.7	26 061	4 556	9 139
重庆	1.84	2.21	0.65	1.27	23 015	980	4 321
四川	4.89	9.63	3.57	3.98	37 655	2 015	5 080
贵州	3.69	2.68	1.47	2.62	13 919	1 105	4 438
云南	4.99	6.36	2.68	4.61	24 377	1 486	5 768
西藏	0.30	18.93	0.42	0.26	1 217 455	3 934	5 520
广西	3.47	5.80	5.20	5.08	32 009	4 144	9 138
西南合计	19.16	45.6	14.0	17.8	45 503	2 018	5 804
陕西	3.33	2.60	1.49	2.84	14 922	1 234	5 315
甘肃	3.83	1.04	2.66	2.24	5 199	1 916	3 645
青海	0.45	3.15	0.56	0.37	135 079	3 447	5 151
宁夏	0.91	0.04	1.82	1.09	795	5 519	7 452
新疆	3.39	3.81	11.00	5.32	21 474	8 964	9 792
西北合计	11.90	10.6	17.5	11.8	17 083	4 065	6 210

西南耕地总量占全国 19.16％，水资源总量占全国 45.6％，灌溉水量占全国 14.0 ％，广义农业水资源占全国 17.8％。

西北耕地占全国 11.90％，水资源总量占全国 10.6 ％，灌溉水量占全国 17.5％，广义农业水资源占全国 11.21％。

总体上，2011 年全国分区水土资源匹配程度和 2010 年持平，没有明显变化（表 1-10）。

表 1-10　2011 年分区水土资源比例和 2010 年比较

区域	2011 年耕地面积比例（％）	2011 年水资源量比例（％）	2011 年灌溉水比例（％）	2011 年广义农业水资源比例（％）	2010 年耕地面积比例（％）	2010 年水资源量比例（％）	2010 年灌溉水比例（％）	2010 年广义农业水资源比例（％）
华北	27.63	6.1	16.7	22.7	27.63	4.84	17.15	21.64
东北	17.62	5.3	12.7	12.9	17.62	6.95	11.92	13.89
东南	23.68	32.3	39.1	34.7	23.68	39.87	38.96	34.84
西南	19.16	45.6	14.0	17.8	19.16	39.97	14.25	18.42
西北	11.90	10.6	17.5	17.8	11.90	8.37	17.67	11.21

从农业水土资源匹配数量上分析，2011 年全国水资源总量与耕地匹配比 2010 年减少 6 285 米³/公顷，减幅 24.8％；灌溉水与耕地匹配比 2010 年增加 34 米³/公顷，增幅 1.25％；广义农业水资源与耕地匹配比 2010 年减少 279 米³/公顷，减幅 4.55％（表 1-11）。

华北水资源总量与耕地匹配比 2010 年减少 229 米³/公顷，减幅 5.14％；灌溉水与耕地匹配比 2010 年减少 24 米³/公顷，减幅 1.39％；广义农业水资源与耕地匹配与 2010 年持平。

东北水资源总量与耕地匹配比 2010 年减少 4 227 米³/公顷，减幅 42.23％；灌溉水与耕地匹配比 2010 年增加 145 米³/公顷，增幅 7.86％；广义农业水资源与耕地匹配比 2010 年减少 573 米³/公顷，减幅 11.13％。

表 1 - 11　2011 年全国和分区水土资源匹配和 2010 年比较

区域	水资源总量与耕地匹配比 2010 年变化量（米³/公顷）	水资源总量与耕地匹配比 2010 年变化率（％）	耕地灌溉水量与耕地匹配比 2010 年变化量（米³/公顷）	耕地灌溉水量与耕地匹配比 2010 年变化率（％）	广义农业水资源与耕地匹配比 2010 年变化量（米³/公顷）	广义农业水资源与耕地匹配比 2010 年变化率（％）
全国	−6 285	−24.8	34	1.25	−297	−4.55
华北	−229	−5.14	−24	−1.39	0	0
东北	−4 227	−42.23	145	7.86	−573	−11.13
东南	−16 689	−39.04	71	1.57	−471	−4.90
西南	−7 473	−14.11	−10	−0.49	−476	−7.58
西北	−773	−4.33	15	0.38	53	0.86

　　东南水资源总量与耕地匹配比 2010 年减少 16 689 米³/公顷，减幅 39.04％；灌溉水与耕地匹配比 2010 年增加 71 米³/公顷，增幅 1.57％；广义农业水资源与耕地匹配比 2010 年减少 471 米³/公顷，减幅 4.9％。

　　西南水资源总量与耕地匹配比 2010 年减少 7 473 米³/公顷，减幅 14.11％；灌溉水与耕地匹配减少 10 米³/公顷，减幅 0.49％；广义农业水资源与耕地匹配减少 476 米³/公顷，减幅 7.58％。

　　西北水资源总量与耕地匹配比 2010 年减少 773 米³/公顷，减幅 4.33％；灌溉水与耕地匹配增加 15 米³/公顷，增幅 0.38％；广义农业水资源与耕地匹配增加 53 米³/公顷，增幅 0.86％。

（六）水库库容和蓄水

　　2011 年全国和分区大、中、小型水库和库容情况见表 1-12。已建成水库座数指在江河上筑坝（闸）所形成的能拦蓄水量、调节径流的蓄水区的数量。大型水库是指总库容在 1 亿米³ 及以上的水库；中型水库指总库容在 1 000 万（含 1 000 万）～1 亿米³ 的水库；小型水库指库容在 10 万（含 10 万）～1 000 万米³ 的水库。

表 1 - 12 2011 年全国和分区大中小型水库和库容

区域	数量（个）	总库容（亿米³）	大型水库（个）	大型库容（亿米³）	中型水库（个）	中型库容（亿米³）	小型水库（个）	小型库容（亿米³）
全国	88 605	7 200.5	567	5 601.5	3 346	954.0	84 692	644.9
华北	11 210	1 153.5	113	903.6	542	166.8	10 555	83.0
东北	3 490	857.2	76	736.7	269	80.1	3 145	40.4
东南	49 844	3 316.1	236	2 534.7	1 644	448.3	47 964	333.1
西南	21 715	1 178.5	92	856.6	638	170.8	20 985	151.5
西北	2 346	694.8	50	569.9	253	67.4	2 043	36.9

2011 年全国水库总库容比 2010 年增加 38.1 亿米³，增幅 0.5%。其中大型水库库容增加 7.1 亿米³，增幅 0.1%；中型水库库容增加 24.0 亿米³，增幅 2.6%；小型水库库容增加 7.0 亿米³，增幅 1.1%（表 1 - 13）。

华北水库总库容比 2010 年增加 16.8 亿米³，增幅 1.5%；其中大型水库库容增加 11.0 亿米³，增幅 1.2%；中型水库库容增加 4.3 亿米³，增幅 2.6%；小型水库库容增加 1.5 亿米³，增幅 1.8%。

东北水库总库容比 2010 年减少 1.2 亿米³，减幅 0.1%。其中大型水库库容增加 0.04 亿米³，基本与 2010 年持平；中型水库库容减少 0.8 亿米³，减幅 1.0%；小型水库减少 0.4 亿米³，减幅 1.0%。

东南水库总库容比 2010 年减少 0.2 亿米³，基本与 2010 年持平。其中大型水库库容减少 16.9 亿米³，减幅 0.7%；中型水库库容增加 15.5 亿米³，增幅 3.6%；小型水库库容增加 1.3 亿米³，增幅 0.4%。

表 1 - 13　2011 年全国和分区水库库容比 2010 年变化

区域	总库容 变化量 （亿米³）	总库容 变化率 （％）	大型库 容变化量 （亿米³）	大型库 容变化率 （％）	中型库 容变化量 （亿米³）	中型库 容变化率 （％）	小型库 容变化量 （亿米³）	小型库 容变化率 （％）
全国	38.1	0.5	7.1	0.1	24.0	2.6	7.0	1.1
华北	16.8	1.5	11.0	1.2	4.3	2.6	1.5	1.8
东北	−1.2	−0.1	0.0	0.0	−0.8	−1.0	−0.4	−1.0
东南	−0.2	0.0	−16.9	−0.7	15.5	3.6	1.3	0.4
西南	12.2	1.0	4.3	0.5	7.3	4.4	0.9	0.6
西北	10.1	1.5	8.7	1.5	−2.3	−2.5	3.7	11.2

西南水库总库容增加 12.2 亿米³，增幅 1.0％。其中大型水库总库容增加 4.3 亿米³，增幅 0.5；中型水库总库容增加 7.3 亿米³，增幅 4.4％；小型水库总库容增加 0.9 亿米³，增幅 0.6％。

西北水库总库容增加 10.1 亿米³，增幅 1.5％。其中大型水库增加 8.7 亿米³，增幅 1.5％；中型水库库容减少 2.3 亿米³，减幅 2.5％；小型水库库容增加 3.7 亿米³，增幅 11.2％。

总体上，2011 年全国水库总库容比 2010 年有所增加。无论是全国还是各分区，水库总库容的增长主要来源于中型水库库容的增长。

水库库容和耕地的匹配在一定程度上能够说明灌溉耕地的保障程度。2011 年全国和分区水库库容和耕地匹配结果见表 1 - 14。

表 1 - 14　2011 年全国和分区库容和耕地匹配

区域	总库容和 耕地匹配 （米³/公顷）	大型水库库容 和耕地匹配 （米³/公顷）	中型水库库容 和耕地匹配 （米³/公顷）	小型水库库容 和耕地匹配 （米³/公顷）
全国	5 916	4 602	784	530
华北	3 430	2 687	496	247

（续）

区域	总库容和耕地匹配（米³/公顷）	大型水库库容和耕地匹配（米³/公顷）	中型水库库容和耕地匹配（米³/公顷）	小型水库库容和耕地匹配（米³/公顷）
东北	3 996	3 434	373	188
东南	10 086	7 710	1 364	1 013
西南	5 054	3 673	732	650
西北	6 660	5 463	646	353

2011年，全国水库总库容和耕地匹配比2010年增加了31.3米³/公顷，增幅0.5%。其中大型水库库容和耕地匹配比2010年增加了5.8米³/公顷，增幅0.1%；中型水库和耕地匹配比2010年增加19.7米³/公顷，增幅2.6%；小型水库库容和耕地匹配比2010年增加5.8米³/公顷，增幅1.1%（表1-15）。

表1-15　2011年全国和分区库容和耕地匹配比2010年变化情况

区域	总库容和耕地匹配变化量（米³/公顷）	总库容和耕地匹配变化率（%）	大型水库库容和耕地匹配变化量（米³/公顷）	大型水库库容和耕地匹配变化率（%）	中型水库库容和耕地匹配变化量（米³/公顷）	中型水库库容和耕地匹配变化率（%）	小型水库库容和耕地匹配变化量（米³/公顷）	小型水库库容和耕地匹配变化率（%）
全国	31.3	0.5	5.8	0.1	19.7	2.6	5.8	1.1
华北	50.1	1.5	32.6	1.2	12.7	2.6	4.5	1.8
东北	−5.5	−0.1	0.2	0.0	−3.8	−1.0	−1.9	−1.0
东南	−0.6	0.0	−51.5	−0.7	47.2	3.6	4.0	0.4
西南	52.4	1.0	18.6	0.5	31.2	4.4	4.0	0.6
西北	96.6	1.5	83.0	1.5	−219.4	−25.3	35.5	11.2

华北水库总库容和耕地匹配比2010年增加50.1米³/公顷，增幅1.5%；大型水库库容和耕地匹配比2010年增加32.6米³/公顷，增幅1.2%；中型水库库容和耕地匹配比

2010 年增加 12.7 米³/公顷，增幅 2.6%；小型水库库容和耕地匹配比 2010 年增加 4.5 米³/公顷，增幅 1.8%。

东北水库总库容和耕地匹配比 2010 年减少 5.5 米³/公顷，减幅 0.1%；大型水库总库容和耕地匹配比 2010 年减少 0.2 米³/公顷，与 2010 年基本持平；中型水库总库容和耕地匹配比 2010 年减少 3.8 米³/公顷，减幅 1.0%；小型水库库容和耕地匹配比 2010 年减少 1.9 米³/公顷，减幅 1.0%。

东南水库总库容和耕地匹配比 2010 年减少 0.6 米³/公顷，与 2010 年基本持平。其中大型水库库容和耕地匹配减少 51.5 米³/公顷，减幅 0.7%；中型水库库容和耕地匹配增加了 47.2 米³/公顷，增幅 3.6%；小型水库库容和耕地匹配比 2010 年增加 4.0 米³/公顷，增幅 0.4%。

西南水库总库容和耕地匹配比 2010 年增加了 52.4 米³/公顷，增幅 1.0%。大型水库库容和耕地匹配比 2010 年增加 18.6 米³/公顷，增幅 0.5%；中型水库库容和耕地匹配比 2010 年增加 31.2 米³/公顷，增幅 4.4%；小型水库库容和耕地匹配比 2010 年增加 4.0 米³/公顷，增幅 0.6%。

西北水库总库容和耕地匹配比 2010 年增加 96.6 米³/公顷，增幅 1.5%。大型水库库容和耕地匹配比 2010 年增加 83.0 米³/公顷，增幅 1.5%；中型水库库容和耕地匹配比 2010 年减少 219.4 米³/公顷，减幅 25.3%；小型水库库容和耕地匹配比 2010 年增加 35.5 米³/公顷，增幅 11.2%。

总体上，全国水库库容和耕地匹配程度比 2010 年有所增加。其中，大中型水库库容和耕地匹配程度增加幅度无论在全国还是各地区都比小型水库的增加幅度大，说明大中型水库在保障耕地灌溉方面起到了主要的作用。

（七）部门用水量分配

用水量是指各类用水户取用的包括输水损失在内的毛水

量，又称取水量。2011年全国和分区农业用水量变化见表1-16。2011年全国农业用水总量3 743.4亿米³，比2010年增加54.3亿米³，增幅1.5%。农业用水总量略有增加。全国分区中，东北、东南、西北的农业用水量增加，华北和西南农业用水量减少。其中，东北农业用水量443.6亿米³，增加30.4亿米³，增幅7.4%；东南农业用水量1 438.3亿米³，增加22.3亿米³，增幅1.6%；西北农业用水量728.0亿米³，增加5.4亿米³，增幅0.7%。华北农业用水量615.1亿米³，比2010年减少3.5亿米³，减幅0.6；西南农业用水量518.4亿米³，减少0.3亿米³，减幅0.1%

表1-16 2011年全国和分区农业用水量

区域	2011年农业用水量 （亿米³）	比2010年变化量 （亿米³）	比2010年变化率 （%）
全国	3 743.4	54.3	1.5
华北	615.1	−3.5	−0.6
东北	443.6	30.4	7.4
东南	1 438.3	22.3	1.6
西南	518.4	−0.3	−0.1
西北	728.0	5.4	0.7

粮食主产省中，5个省的农业用水总量减少（河北、河南、山东、辽宁、湖南），9个省农业用水总量增加（内蒙古、吉林、黑龙江、江苏、安徽、江西、湖北、四川）（表1-17）。2011年，河北农业用水总量140.5亿米³，减少3.3亿米³，减幅2.3%；河南124.6亿米³，减少1.0亿米³，减幅0.8%；山东148.9亿米³，减少5.9亿米³，减幅3.8%；辽宁89.7亿米³，减少0.1亿米³，减幅0.1%；湖南183.1亿米³，减少2.7亿米³，减幅1.5%。2011年内蒙古农业用水总量135.9亿米³，增加1.4亿米³，增幅1.0%；吉林81.6亿米³，增加

7.8 亿米³，增幅 10.6%；黑龙江 272.3 亿米³，增加 22.7 亿米³，增幅 9.1%；江苏 307.6 亿米³，增加 3.4 亿米³，增幅 1.1%；安徽 168.4 亿米³，增加 1.7 亿米³，增幅 1.0%；江西 171.7 亿米³，增加 20.7 亿米³，增幅 13.7%；湖北 142.3 亿米³，增加 4.0 亿米³，增幅 2.9%；四川 128.4 亿米³，增加 1.1 亿米³，增幅 0.9%。

表 1-17 2011 年粮食主产省农业用水量

区域	2011 年农业用水量 （亿米³）	比 2010 年变化量 （亿米³）	比 2010 年变化率 （%）
河北	140.50	-3.3	-2.3
内蒙古	135.90	1.4	1.0
河南	124.60	-1.0	-0.8
山东	148.90	-5.9	-3.8
辽宁	89.70	-0.1	-0.1
吉林	81.60	7.8	10.6
黑龙江	272.30	22.7	9.1
江苏	307.60	3.4	1.1
安徽	168.40	1.7	1.0
江西	171.70	20.7	13.7
湖北	142.30	4.0	2.9
湖南	183.10	-2.7	-1.5
四川	128.40	1.1	0.9
13 省份总计	2 095.0	49.8	2.4

2011 年，全国和分区部门用水比例变化见表 1-18。2011 年全国农业用水占总用水量的 61.3%，与 2010 年基本持平；工业用水比例为 23.9%，比 2010 年减少 0.1 个百分点；生活用水比例为 12.9%，比 2010 年增加 0.2 个百分点；生态用水比例 1.8%，比 2010 年减少 0.2 个百分点。

表 1 - 18　2011 年全国和分区部门用水比例变化

区域	2011 年农业用水比例（%）	比 2010 年变化量（百分点）	2011 年工业用水比例（%）	比 2010 年变化量（百分点）	2011 年生活用水比例（%）	比 2010 年变化量（百分点）	2011 年生态用水比例（%）	比 2010 年变化量（百分点）
全国	61.3	0.0	23.9	−0.1	12.9	0.2	1.8	−0.2
华北	63.6	−1.9	16.6	0.6	15.7	0.6	4.1	0.7
东北	70.6	0.4	16.5	−1.7	9.9	−0.2	2.9	1.4
东南	51.8	0.2	33.3	−0.2	13.9	0.2	1.0	−0.2
西南	57.9	0.4	24.9	−0.3	16.1	0.1	1.1	−0.2
西北	86.8	1.1	5.9	0.6	5.5	0.3	1.8	−2.1

　　华北农业用水比例 63.6%，比 2010 年减少 1.9 个百分点；工业用水比例 16.6%，比 2010 年增加 0.6 个百分点；生活用水比例 15.7%，比 2010 年增加 0.6 个百分点；生态用水比例为 4.1%，比 2010 年增加 0.7 个百分点。

　　东北农业用水比例 70.6%，比 2010 年增加 0.4 个百分点；工业用水比例 16.5%，比 2010 年减少 1.7 个百分点；生活用水比例 9.9%，比 2010 年减少 0.2 个百分点；生态用水比例为 2.9%，比 2010 年增加 1.4 个百分点。

　　东南农业用水比例 51.8%，比 2010 年增加 0.2 个百分点；工业用水比例 33.3%，比 2010 年减少 0.2 个百分点；生活用水比例 13.9%，比 2010 年增加 0.2 个百分点；生态用水比例 1.0%，比 2010 年减少 0.2 个百分点。

　　西南农业用水比例 57.9%，比 2010 年增加 0.4 个百分点；工业用水比例 24.9%，比 2010 年减少 0.3 个百分点；生活用水比例 16.1%，比 2010 年增加 0.1 个百分点；生态用水比例 1.1%，比 2010 年减少 0.2 个百分点。

　　西北农业用水比例 86.8%，比 2010 年增加 1.1 个百分点；工业用水比例 5.9%，比 2010 年增加 0.6 个百分点；生活用水比例 5.5%，比 2010 年增加 0.3 个百分点；生态用水比例 1.8%，比 2010 年减少 2.1 个百分点。

河北省农业用水比例 75.5%，比 2010 年增加 1.3 个百分点；工业用水比例 13.1%，比 2010 年增加 1.2 个百分点；生活用水比例 13.3%，比 2010 年增加 0.9 个百分点；生态用水比例 1.8%，比 2010 年增加 0.3 个百分点（表 1 - 19）。

表 1 - 19   2011 年粮食主产省部门用水比例变化

区域	2011 年农业用水比例（%）	比 2010 年变化量（百分点）	2011 年工业用水比例（%）	比 2010 年变化量（百分点）	2011 年生活用水比例（%）	比 2010 年变化量（百分点）	2011 年生态用水比例（%）	比 2010 年变化量（百分点）
河北	75.5	1.3	13.1	1.2	13.3	0.9	1.8	0.3
内蒙古	73.6	−0.4	12.8	0.4	8.2	−0.1	5.4	0.0
河南	54.4	−1.5	24.8	0.0	16.3	0.3	4.5	1.2
山东	66.4	−3.1	13.3	1.3	17.0	0.8	3.2	1.1
辽宁	62.1	−0.4	16.6	−0.8	17.9	0.8	3.4	1.0
吉林	62.2	0.7	20.3	−1.5	11.5	−2.2	6.0	2.9
黑龙江	77.3	0.5	15.1	−2.1	6.0	0.6	1.6	1.0
江苏	55.3	0.0	34.7	−0.1	9.4	−0.2	0.6	0.0
安徽	57.2	0.3	30.8	−1.3	10.8	0.5	1.4	0.6
江西	65.3	2.3	23.1	−0.9	10.8	−0.7	0.8	−0.8
湖北	47.9	−0.1	40.6	−0.1	11.4	0.1	0.1	0.0
湖南	56.1	−1.1	29.3	1.7	13.8	−0.4	0.8	−0.2
四川	55.0	−0.3	27.7	0.5	16.4	0.0	0.9	0.0
平均	61.9	0.7	23.2	−2.2	12.5	0.6	2.4	1.0

内蒙古农业用水比例 73.6%，比 2010 年减少 0.4 个百分点；工业用水比例 12.8%，比 2010 年增加 0.4 个百分点；生活用水比例 8.2%，比 2010 年减少 0.1 个百分点；生态用水

比例 5.4%，与 2010 年基本持平。

河南农业用水比例 54.4%，比 2010 年减少 1.5 个百分点；工业用水比例 24.8%，与 2010 年基本持平；生活用水比例 16.3%，比 2010 年增加 0.3 个百分点；生态用水比例 4.5%，比 2010 年增加 1.2 个百分点。

山东农业用水比例 66.4%，比 2010 年减少 3.1 个百分点；工业用水比例 13.3%，比 2010 年增加 1.3 个百分点；生活用水比例 17.0%，比 2010 年增加 0.8 个百分点；生态用水比例 3.2%，比 2010 年增加 1.1 个百分点。

辽宁农业用水比例 62.1%，比 2010 年减少 0.4 个百分点；工业用水比例 16.6%，比 2010 年减少 0.8 个百分点；生活用水比例 17.9%，比 2010 年增加 0.2 个百分点；生态用水比例 3.4%，比 2010 年增加 1.0 个百分点。

吉林农业用水比例 62.2%，比 2010 年增加 0.7 个百分点；工业用水比例 20.3%，比 2010 年减少 1.5 个百分点；生活用水比例 11.5%，比 2010 年减少 2.3 个百分点；生态用水比例 6.0%，比 2010 年增加 2.9 个百分点。

黑龙江省农业用水比例 77.3%，比 2010 年增加 0.5 个百分点；工业用水比例 15.1%，比 2010 年减少 2.1 个百分点；生活用水比例 6.0%，比 2010 年增加 0.6 个百分点；生态用水比例 1.6%，比 2010 年增加 1.0 个百分点。

江苏农业用水比例 55.3%，比 2010 年增加 0.2 个百分点；工业用水比例 34.7%，比 2010 年减少 0.1 个百分点；生活用水比例 9.4%，比 2010 年减少 0.2 个百分点；生态用水比例 0.6%，比 2010 年持平。

安徽农业用水比例 57.2%，比 2010 年增加 0.3 个百分点；工业用水比例 30.8%，比 2010 年减少 1.3 个百分点；生活用水比例 10.8%，比 2010 年增加 0.5 个百分点；生态用水比例 1.4%，比 2010 年增加 0.6 个百分点。

江西农业用水比例 65.3%，比 2010 年增加 2.3 个百分点；工业用水比例 23.1%，比 2010 年减少 0.9 个百分点；生活用水比例 10.8%，比 2010 年减少 0.7 个百分点；生态用水比例 0.8%，比 2010 年减少 0.8 个百分点。

湖北农业用水比例 47.9%，比 2010 年减少 0.1 个百分点；工业用水比例 40.6%，比 2010 年减少 0.1 个百分点；生活用水比例 11.4%，比 2010 年增加 0.1 个百分点；生态用水比例 0.1%，与 2010 年持平。

湖南农业用水比例 56.1%，比 2010 年减少 1.1 个百分点；工业用水比例 27.3%，比 2010 年增加 1.7 个百分点；生活用水比例 13.8%，比 2010 年减少 0.4 个百分点；生态用水比例 0.8 %，比 2010 年减少 0.2 个百分点。

四川农业用水比例 55.0%，比 2010 年减少 0.3 个百分点；工业用水比例 27.7%，比 2010 年增加 0.4 个百分点；生活用水比例 16.4%，比 2010 年减少 0.1 个百分点；生态用水比例 0.9%，与 2010 年持平。

总体上，全国 13 个粮食主产省农业用水占总用水量的 61.9%，比 2010 年增加 0.7 个百分点；工业用水占 23.2%，比 2010 年减少 2.2 个百分点；生活用水占 12.5%，比 2010 年增加 0.6 个百分点；生态用水占 2.4%，比 2010 年增加 1.0 个百分点。

二、灌　溉

（一）有效灌溉和有效实灌面积

总灌溉面积是指一个地区当年农、林、牧等灌溉面积的总和。总灌溉面积等于耕地有效灌溉面积、林地灌溉面积、果园灌溉面积、牧草灌溉面积、其他灌溉面积的总和。

农田有效灌溉面积是指灌溉工程或设备已基本配套，有一定水源，土地比较平整，在一般年景可以进行正常灌溉的农田或者耕地面积。

农田有效实灌面积是指利用灌溉工程和设施，在有效灌溉面积中当年实际已经正常灌溉（灌水一次以上）的耕地面积。在同一单位面积耕地上，报告期内无论灌水几次，都应按一单位面积计算，而不应按灌溉单位面积次计算。凡是肩挑、人抬、马拉抗旱点种的面积，一律不算实灌面积。有效实灌面积不大于有效灌溉面积。

2011年全国灌溉面积67 742.87千公顷，比2010年增加1 390.57千公顷，增幅2.10%；农田有效灌溉面积61 681.56千公顷，比2010年增加1 333.86千公顷，增幅2.21%；农田有效实灌面积53 982.17千公顷，比2010年增加1 393.17千公顷，增幅2.65%（表2-1）。

表2-1 2011年全国和分区灌溉面积、农田有效灌溉面积和农田有效实灌面积

区域	2011年灌溉面积（千公顷）	比2010年变化量（千公顷）	比2010年变化率（%）	2011年农田有效灌溉面积（千公顷）	比2010年变化量（千公顷）	比2010年变化率（%）	2011年农田有效实灌面积（千公顷）	比2010年变化量（千公顷）	比2010年变化率（%）
全国	67 742.87	1 390.57	2.10	61 681.56	1 333.86	2.21	53 982.17	1 393.17	2.65
华北	21 721.28	234.58	1.09	19 673.50	231.50	1.19	17 288.67	387.37	2.29
东北	7 931.46	574.96	7.82	7 728.55	589.05	8.25	6 266.06	520.96	9.07
东南	20 483.69	190.49	0.94	19 195.90	149.40	0.78	17 664.28	249.58	1.43
西南	8 253.60	190.00	2.36	7 903.61	185.11	2.40	6 148.82	46.32	0.76
西北	9 352.46	200.26	2.19	7 179.99	178.79	2.55	6 614.33	188.93	2.94

华北灌溉面积 21 721.28 千公顷，比 2010 年增加 234.58 千公顷，增幅 1.09%；农田有效灌溉面积 19 673.50 千公顷，比 2010 年增加 231.50 千公顷，增幅 1.19%；农田有效实灌面积 17 288.67 千公顷，增加 387.37 千公顷，增幅 2.29%。

东北灌溉面积 7 931.46 千公顷，比 2010 年增加 574.96 千公顷，增幅 7.82%；农田有效灌溉面积 7 728.55 千公顷，比 2010 年增加 589.05 千公顷，增幅 8.25%；农田有效实灌面积 6 266.06 千公顷，比 2010 年增加 520.96 千公顷，增幅 9.07%。

东南灌溉面积 20 483.69 千公顷，比 2010 年增加 190.49 千公顷，增幅 0.94%；农田有效灌溉面积 19 195.90 千公顷，增加 149.40 千公顷，增幅 0.78%；农田有效实灌面积 17 664.28 千公顷，增加 249.58 千公顷，增幅 1.43%。

西南灌溉面积 8 253.60 千公顷，比 2010 年增加 190.00 千公顷，增幅 2.36%；农田有效灌溉面积 7 903.61 千公顷，比 2010 年增加 185.11 千公顷，增幅 2.40%；农田有效实灌面积 6 148.82 千公顷，增加 46.32 千公顷，增幅 0.76%。

西北灌溉面积 9 352.46 千公顷，比 2010 年增加 200.26 千公顷，增幅 2.19%；农田有效灌溉面积 7 179.99 千公顷，比 2010 年增加 178.79 千公顷，增幅 2.55%；农田有效实灌面积 6 614.33 千公顷，比 2010 年增加 188.93 千公顷，增幅 2.94%。

2011 年河北总灌溉面积 5 011.03 千公顷，比 2010 年增加 39.73 千公顷，增幅 0.80%；农田有效灌溉面积 4 596.61 千公顷，增加 48.61 千公顷，增幅 1.07%；农田有效实灌面积 4 197.53 千公顷，增加 21.93 千公顷，增幅 0.53%（表 2-2）。

表 2－2　2011 年粮食主产省灌溉面积、农田有效灌溉面积和农田有效实灌面积

区域	2011年灌溉面积（千公顷）	比2010年变化量（千公顷）	比2010年变化率（%）	2011年农田有效灌溉面积（千公顷）	比2010年变化量（千公顷）	比2010年变化率（%）	2011年农田有效实灌面积（千公顷）	比2010年变化量（千公顷）	比2010年变化率（%）
河北	5 011.03	39.73	0.80	4 596.61	48.61	1.07	4 197.53	21.93	0.53
内蒙古	3 843.68	64.88	1.72	3 072.39	44.89	1.48	2 378.26	48.06	2.06
河南	5 245.71	73.71	1.43	5 150.44	69.44	1.37	4 694.04	161.04	3.55
山东	5 564.29	16.49	0.30	4 986.88	31.58	0.64	4 327.76	36.16	0.84
辽宁	1 758.02	35.22	2.04	1 588.38	50.88	3.31	1 233.63	61.73	5.27
吉林	1 831.70	82.30	4.70	1 807.52	80.72	4.67	1 281.16	87.86	7.36
黑龙江	4 341.74	457.44	11.78	4 332.65	457.45	11.80	3 751.27	371.37	10.99
江苏	4 060.59	−11.31	−0.28	3 817.92	−1.78	−0.05	3 501.26	−4.94	−0.14
安徽	3 581.91	27.71	0.78	3 547.65	27.85	0.79	3 168.02	138.72	4.58
江西	1 936.17	12.97	0.67	1 867.67	15.27	0.82	1 822.34	11.04	0.61
湖北	2 615.26	92.76	3.68	2 455.69	75.83	3.19	2 209.28	76.58	3.59
湖南	2 849.76	24.16	0.86	2 762.41	23.41	0.85	2 581.04	36.94	1.45
四川	2 666.70	47.80	1.83	2 600.75	47.65	1.87	2 120.49	24.09	1.15
13省份总计	45 306.56	963.86	2.17	42 586.96	971.86	2.34	37 266.08	1 070.58	2.96

　　内蒙古总灌溉面积 3 843.68 千公顷，比 2010 年增加 64.88 千公顷，增幅 1.72%；农田有效灌溉面积 3 072.39 千公顷，比 2010 年增加 44.89 千公顷，增幅 1.48%；农田有效实灌面积 2 378.26 千公顷，减少 48.06 千公顷，减幅 2.06%。

河南总灌溉面积 5 245.71 千公顷，比 2010 年增加 73.71 千公顷，增幅 1.43%；农田有效灌溉面积 5 150.44 千公顷，增加 69.44 千公顷，增幅 1.37%；农田有效实灌面积 4 694.04 千公顷，减少 161.04 千公顷，减幅 3.55 %。

山东总灌溉面积 5 564.29 千公顷，比 2010 年增加 16.49 千公顷，增幅 0.30%；农田有效灌溉面积 4 986.88 千公顷，增加 31.58 千公顷，增幅 0.64%；农田有效实灌面积 4 327.76 千公顷，增加 36.16 千公顷，增幅 0.84%。

辽宁总灌溉面积 1 758.02 千公顷，比 2010 年增加 35.22 千公顷，增幅 2.04%；农田有效灌溉面积 1 588.38 千公顷，增加 50.88 千公顷，增幅 3.31%；农田有效实灌面积 1 233.63 千公顷，增加 61.73 千公顷，增幅 5.27%。

吉林总灌溉面积 1 831.70 千公顷，比 2010 年增加 82.30 千公顷，增幅 4.70%；农田有效灌溉面积 1 807.52 千公顷，增加了 80.72 千公顷，增幅 4.67%；农田有效实灌面积 1 281.16 千公顷，增加了 87.86 千公顷，增幅 7.36%。

黑龙江总灌溉面积 4 341.74 千公顷，增加了 457.44 千公顷，增幅 11.78%；农田有效灌溉面积 4 332.65 千公顷，增加了 457.45 千公顷，增幅 11.80 %；农田有效实灌面积 3 751.27 千公顷，增加 371.37 千公顷，增幅 10.99%。

江苏总灌溉面积 4 060.59 千公顷，比 2010 年减少 11.31 千公顷，减幅 0.28%；农田有效灌溉面积 3 817.92 千公顷，比 2010 年减少 1.78 千公顷，减幅 0.05%；农田有效实灌面积 3 501.26 千公顷，减少 4.94 千公顷，减幅 0.14%。

安徽总灌溉面积 3 581.91 千公顷，比 2010 年增加 27.71 千公顷，增幅 0.78%；农田有效灌溉面积 3 547.65 千公顷，增加 27.85 千公顷，增幅 0.79%；农田有效实灌面积 3 168.02

千公顷，增加 138.72 千公顷，增幅 4.58%。

江西总灌溉面积 1 936.17 千公顷，比 2010 年增加 12.97 千公顷，增幅 0.67%；农田有效灌溉面积 1 867.67 千公顷，增加 15.27 千公顷，增幅 0.82%；农田有效实灌面积 1 822.34 千公顷，增加 11.04 千公顷，增幅 0.61%。

湖北总灌溉面积 2 615.26 千公顷，比 2010 年增加 92.76 千公顷，增幅 3.68%；农田有效灌溉面积 2 455.69 千公顷，增加 75.89 千公顷，增幅 3.19%；农田有效实灌面积 2 209.28 千公顷，增加 76.58 千公顷，增幅 3.59%。

湖南总灌溉面积 2 849.76 千公顷，比 2010 年增加 24.16 千公顷，增幅 0.86%；农田有效灌溉面积 2 762.41 千公顷，增加 23.41 千公顷，增幅 0.85%；农田有效实灌面积 2 581.04 千公顷，增加 36.94 千公顷，增幅 1.45%。

四川总灌溉面积 2 666.70 千公顷，比 2010 年增加 47.80 公顷，增幅 1.83%；农田有效灌溉面积 2 600.75 千公顷，比 2010 年增加 47.65 千公顷，增幅 1.87%；农田有效实灌面积 2 120.49 千公顷，增加 24.09 千公顷，增幅 1.15%。

总体上，2011 年 13 个粮食主产省总灌溉面积 45 306.56 千公顷，比 2010 年增加 963.86 千公顷，增幅 2.17 %；农田有效灌溉面积 42 586.96 千公顷，比 2010 年增加 971.86 千公顷，增幅 2.34%；农田有效实灌面积 37 266.08 千公顷，增加 1 070.58 千公顷，增幅 2.96%。

（二）旱涝保收面积

旱涝保收面积是指有效灌溉面积中，遇旱能灌、遇涝能排的面积。灌溉设施的抗旱能力，一般情况应该达到 30～50 天，适宜发展双季稻的地方，应该达到 50～70 天。除涝达到 5 年一遇标准，防洪一般达到 20 年一遇标准。

2011 年全国旱涝保收面积 43 383.37 千公顷，比 2010 年增加 511.87 千公顷，增幅 1.19％（表 2 - 3）。华北旱涝保收面积 14 110.73 千公顷，比 2010 年增加 204.13 千公顷，增幅 1.47％。东北旱涝保收面积 4 495.94 千公顷，比 2010 年增加 203.54 千公顷，增幅 4.74％。东南旱涝保收面积 14 774.14 千公顷，比 2010 年增加 45.94 千公顷，增幅 0.31％；西南旱涝保收面积 4 874.09 千公顷，增加 28.19 千公顷，增幅 0.58％。西北旱涝保收面积 5 108.47 千公顷，减少 110.17 千公顷，减幅 2.20％。

表 2 - 3　2011 年全国和分区旱涝保收面积

区域	2011 年旱涝保收面积（千公顷）	比 2010 年变化量（千公顷）	比 2010 年变化率（％）
全国	43 383.37	511.87	1.19
华北	14 110.73	204.13	1.47
东北	4 495.94	203.54	4.74
东南	14 774.14	45.94	0.31
西南	4 874.09	28.19	0.58
西北	5 108.47	110.17	2.20

13 个粮食主产省旱涝保收面积变化情况见表 2 - 4。2011 年河北旱涝保收面积 3 659.75 千公顷，比 2010 年增加 102.65 千公顷，增幅 2.89％。内蒙古 1 542.51 千公顷，增加 9.41 千公顷，增幅 0.61％。河南 4 099.93 千公顷，增加 1.03 千公顷，增幅 0.03％。山东 3 645.76 千公顷，增加 59.16 千公顷，增幅 1.65％。辽宁 1 042.28 千公顷，增加 4.78 千公顷，增幅 0.46％。吉林 1 116.22 千公顷，增加 52.22 千公顷，增幅 4.91％。黑龙江 2 337.44 千公顷，增加 146.54 千公顷，增幅 6.69％。

表 2-4　2011 年粮食主产省旱涝保收面积变化

区域	2011 年旱涝保收面积 （千公顷）	比 2010 年变化量 （千公顷）	比 2010 年变化率 （％）
河北	3 659.75	102.65	2.89
内蒙古	1 542.51	9.41	0.61
河南	4 099.93	1.03	0.03
山东	3 645.76	59.16	1.65
辽宁	1 042.28	4.78	0.46
吉林	1 116.22	52.22	4.91
黑龙江	2 337.44	146.54	6.69
江苏	3 048.27	−32.63	−1.06
安徽	2 643.60	20.30	0.77
江西	1 508.26	11.16	0.75
湖北	1 791.18	37.58	2.14
湖南	2 265.51	21.61	0.96
四川	1 772.94	15.84	0.90
13 省份总计	30 473.65	449.65	1.50

　　江苏旱涝保收面积 3 048.27 千公顷，比 2010 年减少 32.63 千公顷，减幅 1.06％。安徽 2 643.60 千公顷，增加 20.30 千公顷，增幅 0.77％。江西 1 508.26 千公顷，增加 11.16 千公顷，增幅 0.75％。湖北 1 791.18 千公顷，增加 37.58 千公顷，增幅 2.14％。湖南 2 265.51 千公顷，增加 21.61 千公顷，增幅 0.96％。四川 1 772.94 千公顷，增加 15.84 千公顷，增幅 0.90％。

　　总体上，13 个粮食主产省旱涝保收面积 30 473.65 千公顷，增加 449.65 千公顷，增幅 1.50％。

（三）万亩以上灌区控制有效灌溉面积

2011 年全国万亩以上灌区控制有效灌溉面积 29 748.00 千公顷，比 2010 年增加 333.00 千公顷，增幅 1.13%（表 2-5）。其中华北万亩以上灌区控制有效灌溉面积 8 560.00 千公顷，比 2010 年增加 58.00 千公顷，增幅 0.68%。东北 1 601.00 千公顷，增加 47.00 千公顷，增幅 3.02%。东南 9 810.00 千公顷，增加 37.00 千公顷，增幅 0.38%。西南 3 208.00 千公顷，增加 32.00 千公顷，增幅 1.01%。西北 6 569.00 千公顷，增加 157.00 千公顷，增幅 2.45%。

表 2-5 2011 年全国和分区万亩以上灌区控制有效灌溉面积

区域	2011 年万亩以上灌区控制有效灌溉面积（千公顷）	比 2010 年变化量（千公顷）	比 2010 年变化率（%）
全国	29 748.00	333.00	1.13
华北	8 560.00	58.00	0.68
东北	1 601.00	47.00	3.02
东南	9 810.00	37.00	0.38
西南	3 208.00	32.00	1.01
西北	6 569.00	157.00	2.45

2011 年河北万亩以上灌区控制有效灌溉面积 1 247.00 千公顷，比 2010 年减少 3.00 千公顷，减幅 0.24%（表 2-6）。内蒙古 1 317.00 千公顷，比 2010 年增加 4.00 千公顷，增幅 0.30%。河南 1 802.00 千公顷，比 2010 年增加 35.00 千公顷，增幅 1.98%。山东 3 009.00 千公顷，比 2010 年增加 7.00 千公顷，增幅 0.23%。辽宁 503.00 千公顷，比 2010 年增加 21.00 千公顷，增幅 4.36%。吉林 389.00 千公顷，比 2010 年增加 5.00 千公顷，增幅 1.30%。黑龙江 709.00 千公

顷，比 2010 年增加 21.00 千公顷，增幅 3.05%。

表 2-6　2011 年粮食主产省万亩以上灌区控制有效灌溉面积

区域	2011 年万亩以上灌区控制有效灌溉面积（千公顷）	比 2010 年变化量（千公顷）	比 2010 年变化率（%）
河北	1 247.00	−3.00	−0.24
内蒙古	1 317.00	4.00	0.30
河南	1 802.00	35.00	1.98
山东	3 009.00	7.00	0.23
辽宁	503.00	21.00	4.36
吉林	389.00	5.00	1.30
黑龙江	709.00	21.00	3.05
江苏	1 719.00	−32.00	−1.83
安徽	1 872.00	14.00	0.75
江西	730.00	−2.00	−0.27
湖北	2 131.00	51.00	2.45
湖南	1 135.00	−3.00	−0.26
四川	1 496.00	21.00	1.42
13 省份总计	18 059.00	139.00	0.78

　　2011 年江苏万亩以上灌区控制有效灌溉面积 1 719.00 千公顷，比 2010 年减少 32.00 千公顷，减幅 1.83%。安徽 1 872.00千公顷，比 2010 年增加 14.00 千公顷，增幅 0.75%。江西 730.00 千公顷，比 2010 年减少 2.00 千公顷，减幅 0.27%。湖北 2 131.00 千公顷，比 2010 年增加 51.00 千公顷，增幅 2.45%。湖南 1 135.00 千公顷，比 2010 年减少 3.00 千公顷，减幅 0.26%。四川 1 496.00 千公顷，比 2010 年增加 21.00 千公顷，增幅 1.42%。总体上，13 个粮食主产

省万亩以上灌区控制有效灌溉面积 18 059.00 千公顷,比 2010 年增加 139.00 千公顷,增幅 0.78%。

(四) 机电排灌和机电提灌面积

2011 年全国机电排灌面积 41 464.71 千公顷,比 2010 年增加 714.14 千公顷,增幅 1.75%。2011 年机电提灌面积 37 079.32 千公顷,比 2010 年增加 678.73 千公顷,增幅 1.86% (表 2-7)。

表 2-7 2011 年全国和分区机电排灌、机电提灌面积

区域	2011 年机电排灌面积(千公顷)	比 2010 年变化量(千公顷)	比 2010 年变化率(%)	2011 年机电提灌面积(千公顷)	比 2010 年变化量(千公顷)	比 2010 年变化率(%)
全国	41 464.71	714.14	1.75	37 079.32	678.73	1.86
华北	17 841.31	153.90	0.87	16 750.93	153.44	0.92
东北	7 415.29	537.04	7.81	6 175.20	528.06	9.35
东南	11 643.72	7.72	0.07	9 663.84	−23.14	−0.24
西南	1 009.98	6.15	0.61	955.65	6.39	0.67
西北	3 554.40	9.31	0.26	3 533.70	8.97	0.25

华北机电排灌面积 17 841.31 千公顷,比 2010 年增加 153.90 千公顷,增幅 0.87%。华北机电提灌面积 16 750.93 千公顷,比 2010 年增加 153.44 千公顷,增幅 0.92%。

东北机电排灌面积 7 415.29 千公顷,比 2010 年增加 537.04 千公顷,增幅 7.81%。东北机电提灌面积 6 175.20 千公顷,比 2010 年增加 528.06 千公顷,增幅 9.35%。

东南机电排灌面积 11 643.72 千公顷,比 2010 年增加 7.72 千公顷,增幅 0.07%。东南机电提灌面积 9 663.84 千公顷,比 2010 年减少 23.14 千公顷,减幅 0.24%。

西南机电排灌面积 1 009.98 千公顷,比 2010 年增加 6.15

千公顷，增幅 0.61%。机电提灌面积 955.65 千公顷，比 2010年增加 6.39 千公顷，增幅 0.67%。

西北机电排灌面积 3 554.40 千公顷，比 2010 年增加 9.31千公顷，增幅 0.26%。机电提灌面积 3 533.70 千公顷，比 2010 年增加 8.97 千公顷，增幅 0.25%。

13 个粮食主产省机电排灌和机电提灌面积见表 2 - 8。2011 年河北机电排灌面积 4 502.55 千公顷，比 2010 年增加 46.88 千公顷，增幅 1.05%。机电提灌面积 4 313.29 千公顷，增加 43.30 千公顷，增幅 1.01%。

表 2 - 8 2011 年粮食主产省机电排灌、机电提灌面积

区域	2011 年机电排灌面积（千公顷）	比 2010 年变化量（千公顷）	比 2010 年变化率（%）	2011 年机电提灌面积（千公顷）	比 2010 年变化量（千公顷）	比 2010 年变化率（%）
河北	4 502.55	46.88	1.05	4 313.29	43.30	1.01
内蒙古	3 097.13	44.95	1.47	2 300.02	44.95	1.99
河南	4 079.00	−8.83	−0.22	4 067.28	−9.94	−0.24
山东	4 558.14	21.76	0.48	4 513.94	28.08	0.63
辽宁	1 387.63	13.13	0.96	1 097.03	10.02	0.92
吉林	1 597.59	71.45	4.68	1 392.32	71.45	5.41
黑龙江	4 430.07	452.46	11.38	3 685.85	446.59	13.79
江苏	3 390.48	−57.20	−1.66	2 994.04	−65.52	−2.14
安徽	3 035.41	34.72	1.16	2 525.56	31.94	1.28
江西	573.25	−1.42	−0.25	405.51	−1.59	−0.39
湖北	1 402.55	18.52	1.34	1 111.74	3.02	0.27
湖南	1 187.79	−1.11	−0.09	1 017.63	1.61	0.16
四川	283.34	−2.58	−0.90	250.43	−2.34	−0.93
13 省份总计	33 524.93	632.73	1.92	29 674.64	601.57	2.07

内蒙古机电排灌面积 3 097.13 千公顷，比 2010 年增加 44.95 千公顷，增幅 1.47%。机电提灌面积 2 300.02 千公顷，增加 44.95 千公顷，增幅 1.99%。

河南机电排灌面积 4 079.00 千公顷，比 2010 年减少 8.83 千公顷，减幅 0.22%。机电提灌面积 4 067.28 千公顷，减少 9.94 千公顷，减幅 0.24%。

山东机电排灌面积 4 558.14 千公顷，比 2010 年增加 21.76 千公顷，增幅 0.48%。机电提灌面积 4 513.94 千公顷，增加 28.08 千公顷，增幅 0.63%。

辽宁机电排灌面积 1 387.63 千公顷，比 2010 年增加 13.13 千公顷，增幅 0.96%。机电提灌面积 1 097.03 千公顷，比 2010 年增加 10.02 千公顷，增幅 0.92%。

吉林机电排灌面积 1 597.59 千公顷，比 2010 年增加 71.45 千公顷，增幅 4.68%。机电提灌面积 1 392.32 千公顷，比 2010 年增加 71.45 千公顷，增幅 5.41%。

江苏机电排灌面积 3 390.48 千公顷，比 2010 年减少 57.20 千公顷，减幅 1.66%。机电提灌面积 2 994.04 千公顷，比 2010 年减少 65.52 千公顷，减幅 2.14%。

安徽机电排灌面积 3 035.41 千公顷，比 2010 年增加 34.72 千公顷，增幅 1.16%。机电提灌面积 2 525.56 千公顷，比 2010 年增加 31.94 千公顷，增幅 1.28%。

江西机电排灌面积 573.25 千公顷，比 2010 年减少 1.42 千公顷，减幅 0.25%。机电提灌面积 405.51 千公顷，比 2010 年减少 1.59 千公顷，减幅 0.39%。

湖北机电排灌面积 1 402.55 千公顷，比 2010 年增加 18.52 千公顷，增幅 1.34%。机电提灌面积 1 111.74 千公顷，比 2010 年增加 3.02 千公顷，增幅 0.27%。

湖南机电排灌面积 1 187.79 千公顷，比 2010 年减少 1.11 千公顷，减幅 0.09%。机电提灌面积 1 017.63 千公顷，比

2010年增加1.61千公顷,增幅0.16%。

四川机电排灌面积283.34千公顷,比2010年减少2.58千公顷,减幅0.90%。机电提灌面积250.43千公顷,比2010年减少2.34千公顷,减幅0.93%。

总体上,2011年粮食主产省机电排灌面积33 524.93千公顷,比2010年增加632.73千公顷,增幅1.92%。机电提灌面积29 674.64千公顷,增加601.57千公顷,增幅2.07%。

(五)灌溉面积与耕地匹配

灌溉面积与耕地匹配可以分为灌溉总面积、有效灌溉面积、有效实灌面积和旱涝保收面积与耕地匹配4种情况。

2011年全国灌溉面积占耕地面积55.66%,比2010年增加1.14个百分点。有效灌溉面积占耕地面积50.68%,比2010年增加1.10个百分点。有效实灌面积占耕地面积44.35%,比2010年增加1.14个百分点。旱涝保收面积占耕地面积35.64%,比2010年增加0.42个百分点(表2-9)。

表2-9 2011年全国和分区灌溉面积占耕地面积比例

区域	灌溉总面积占耕地比例(%)	比2010年变化量(百分点)	有效灌溉面积占耕地比例(%)	比2010年变化量(百分点)	有效实灌面积占耕地比例(%)	比2010年变化量(百分点)	旱涝保收面积占耕地比例(%)	比2010年变化量(百分点)
全国	55.66	1.14	50.68	1.10	44.35	1.14	35.64	0.42
华北	64.58	0.70	58.49	0.69	51.40	1.15	41.95	0.61
东北	36.98	2.68	36.03	2.75	29.21	2.43	20.96	0.95
东南	71.06	0.66	66.59	0.52	61.28	0.87	51.25	0.16
西南	35.39	0.81	33.89	0.79	26.37	0.20	20.90	0.12
西北	64.57	1.38	49.57	1.23	45.67	1.30	35.27	0.76

华北灌溉面积占耕地面积 64.58%，比 2010 年增加 0.70 个百分点。有效灌溉面积占 58.49%，比 2010 年增加 0.69 个百分点。有效实灌面积占 51.40%，比 2010 年增加 1.15 个百分点。旱涝保收面积占 41.95%，比 2010 年增加 0.61 个百分点。

东北灌溉面积占耕地面积的 36.98%，比 2010 年增加 2.68 个百分点；有效灌溉面积占 36.03%，比 2010 年增加 2.75 个百分点；有效实灌面积占 29.21%，比 2010 年增加 2.43 个百分点；旱涝保收面积占 20.96%，比 2010 年增加 0.95 个百分点。

东南灌溉面积占耕地面积的 71.06%，比 2010 年增加 0.66 个百分点；有效灌溉面积占 66.59%，比 2010 年增加 0.52 个百分点；有效实灌面积占 61.28%，比 2010 年增加 0.87 个百分点；旱涝保收面积占 51.25%，比 2010 年增加 0.16。

西南灌溉面积占耕地面积的 35.39 %，比 2010 年增加 0.81 个百分点；有效灌溉面积占 33.89%，比 2010 年增加 0.79 个百分点；有效实灌面积占 26.37%，比 2010 年增加 0.20 个百分点；旱涝保收面积占 20.90%，比 2010 年增加 0.12 个百分点。

西北灌溉面积占耕地面积 64.57%，比 2010 年增加 1.38 个百分点；有效灌溉面积占耕地面积 49.57 %，比 2010 年增加 1.23 个百分点；有效实灌面积占 45.67%，比 2010 年增加 1.30 个百分点；旱涝保收面积占 35.27%，比 2010 年增加 0.76 个百分点。

2011 年 13 个粮食主产省灌溉面积占耕地 58.03%，有效灌溉面积占 54.54%，有效实灌面积占 47.73%，旱涝保收面积占 39.03%（表 2-10）。

表 2 - 10 2011 年粮食主产省灌溉面积占耕地面积比例

区域	灌溉总面积占耕地比例（%）	有效灌溉面积占耕地比例（%）	有效实灌占耕地比例（%）	旱涝保收占耕地比例（%）
河北	79.32	72.76	66.45	57.93
内蒙古	53.78	42.99	33.28	21.58
河南	66.18	64.98	59.22	51.73
山东	74.04	66.36	57.59	48.51
辽宁	43.03	38.88	30.20	25.51
吉林	33.10	32.66	23.15	20.17
黑龙江	36.70	36.62	31.71	19.76
江苏	85.24	80.14	73.50	63.99
安徽	62.51	61.91	55.29	46.13
江西	68.49	66.06	64.46	53.35
湖北	56.07	52.65	47.37	38.40
湖南	75.20	72.90	68.11	59.79
四川	44.84	43.73	35.65	29.81
13 省份总计	58.03	54.54	47.73	39.03

（六）节水灌溉面积

2011 年全国节水灌溉面积 29 178.46 千公顷，比 2010 年增加 1 864.590 千公顷，增幅 6.827%，节水灌溉面积占总灌溉面积 43.07%（表 2 - 11）。

华北节水灌溉面积 10 775.56 千公顷，比 2010 年增加 578.910 千公顷，增幅 5.677%，节水灌溉面积占总灌溉面积 49.61%。东北节水灌溉面积 3 895.92 千公顷，比 2010 年增加 468.000 千公顷，增幅 13.653%，占总灌溉面积 49.12%。东南节水灌溉面积 5 781.16 千公顷，比 2010 年增加 274.790 千公顷，增幅 4.990%，占总灌溉面积 28.22%。西南节水灌溉面积 3 244.88 千公顷，比 2010 年增加 142.290 千公顷，增幅 4.586%，占总灌溉面积的 39.31%。西北节水灌溉面积 5 480.94 千公顷，比 2010 年增加 400.600 千公顷，增幅 7.885%，占总灌面积的 58.60%。

表 2 - 11　2011 年全国和分区节水灌溉面积

区域	2011 年节水灌溉面积（千公顷）	比 2010 年变化量（千公顷）	比 2010 年变化率（%）	节水灌溉面积占灌溉总面积（%）
全国	29 178.46	1 864.590	6.827	43.07
华北	10 775.56	578.910	5.677	49.61
东北	3 895.92	468.000	13.653	49.12
东南	5 781.16	274.790	4.990	28.22
西南	3 244.88	142.290	4.586	39.31
西北	5 480.94	400.600	7.885	58.60

2011 年河北节水灌溉面积 2 829.80 千公顷，比 2010 年增加 130.970 千公顷，增幅 4.853%，节水灌溉总面积占总灌溉面积 56.47%（表 2 - 12）。内蒙古节水灌溉面积 2 513.53 千公顷，比 2010 年增加 184.950 千公顷，增幅 7.943%，占总灌溉面积 65.39%。河南节水灌溉面积 1 615.26 千公顷，增加 78.620 千公顷，增幅 5.116%，占总灌溉面积 30.79%。山东节水灌溉面积 2 395.67 千公顷，增加 130.790 千公顷，增幅 5.775%，占总灌溉面积的 43.05%。辽宁节水灌溉面积 588.10 千公顷，增加 86.530 千公顷，增幅 17.252%，占总灌溉面积 33.45%。吉林节水灌溉面积 330.73 千公顷，增加 68.150 千公顷，增幅 25.954%，占总灌溉面积 18.06%。黑龙江节水灌溉面积 2 977.09 千公顷，增加 313.320 千公顷，增幅 11.762%，占总灌溉面积 68.57%。

表 2 - 12　2011 年粮食主产省节水灌溉面积

区域	2011 年节水灌溉面积（千公顷）	比 2010 年变化量（千公顷）	比 2010 年变化率（%）	节水灌溉面积占灌溉总面积（%）
河北	2 829.80	130.970	4.853	56.47
内蒙古	2 513.53	184.950	7.943	65.39
河南	1 615.26	78.620	5.116	30.79
山东	2 395.67	130.790	5.775	43.05
辽宁	588.10	86.530	17.252	33.45
吉林	330.73	68.150	25.954	18.06
黑龙江	2 977.09	313.320	11.762	68.57
江苏	1 733.33	105.400	6.474	42.69
安徽	842.69	26.920	3.300	23.53
江西	339.76	39.950	13.325	17.55
湖北	440.86	38.850	9.664	16.86
湖南	334.66	21.980	7.030	11.74
四川	1 317.15	66.270	5.298	49.39
13 省份总计	18 258.63	1 292.700	7.619	54.20

　　江苏节水灌溉面积 1 733.33 千公顷，比 2010 年增加 105.400 千公顷，增幅 6.474%，节水灌溉面积占总灌溉面积 42.69%。安徽节水灌溉面积 842.69 千公顷，增加 26.920 千公顷，增幅 3.300%，占总灌溉面积 23.53%。江西节水灌溉面积 339.76 千公顷，增加 39.950 千公顷，增幅 13.325%，占总灌溉面积的 17.55%。湖北节水灌溉面积 440.86 千公顷，比 2010 年增加 38.850 千公顷，增幅 9.664%，占总灌溉面积 16.86%。湖南节水灌溉面积 334.66 千公顷，比 2010 年增加 21.980 千公顷，增幅 7.030%，占总灌溉面积 11.74%。四川节水灌溉面积 1 317.15 千公顷，比 2010 年增加 66.270 千公顷，增幅 5.298%，占总灌溉面积的 49.39%。总体上，粮食

主产省节水灌溉面积 18 258.63 千公顷，比 2010 年增加
1 292.700 千公顷，增幅 7.619%，节水灌溉面积占总灌溉面
积 54.20%。

三、农业用水与粮食生产

（一）粮食播种面积与粮食生产

2011 年全国四大粮食作物（水稻、小麦、玉米、大豆）
播种面积 95 757.5 千公顷，比 2010 年增加 611.4 千公顷，增
幅 0.6%。粮食产量 52 566.8 万吨，比 2010 年增加 2 239.3
万吨，增幅 4.4%（表 3-1）。

表 3-1　2011 年全国和分区粮食播种面积和粮食产量

区域	2011 年播种面积（千公顷）	比 2010 年变化量（千公顷）	比 2010 年变化率（%）	2011 年粮食产量（万吨）	比 2010 年变化量（万吨）	比 2010 年变化率（%）
全国	95 757.5	611.4	0.6	52 566.8	2 239.3	4.4
华北	29 036.1	313.5	1.1	16 025.3	667.6	4.3
东北	18 087.2	120.1	0.7	10 328.8	1 176.8	12.9
东南	27 686.7	124.1	0.5	16 001	455.0	2.9
西南	13 947.2	59.0	0.4	6 897	−178.8	−2.5
西北	7 000.3	−5.3	−0.1	3 314.7	118.7	3.7

华北粮食播种面积 29 036.1 千公顷，比 2010 年增加
313.5 千公顷，增幅 1.1%。粮食总产 16 025.3 万吨，比 2010
年增加 667.6 万吨，增幅 4.3%。

东北粮食播种面积 18 087.2 千公顷，比 2010 年增加
120.1 千公顷，增幅 0.7%。粮食总产 10 328.8 万吨，比 2010

年增加 1 176.8 万吨，增幅 12.9%。

东南粮食播种面积 27 686.7 千公顷，比 2010 年增加 124.1 千公顷，增幅 0.5%。粮食总产 16 001.0 万吨，比 2010 年增加 455.0 万吨，增幅 2.9%。

西南粮食播种面积 13 947.2 千公顷，比 2010 年增加 59.0 千公顷，增幅 0.4%。粮食总产 6 897.0 万吨，比 2010 年减少 178.8 万吨，减幅 2.5%。

西北粮食播种面积 7 000.3 千公顷，比 2010 年减少 5.3 千公顷，减幅 0.1%。粮食总产 3 314.7 万吨，增产 118.7 万吨，增幅 3.7%。

2011 年河北粮食播种面积 5 651.0 千公顷，比 2010 年减少了 5.5 千公顷，减幅 0.1%。粮食总产 3 005.4 万吨，比 2010 年增产 184.2 万吨，增幅 6.5%（表 3-2）。

内蒙古粮食播种面积 4 015.1 千公顷，比 2010 年增加 59.1 千公顷，增幅 1.5%。粮食总产 2 018.1 万吨，总产 179.0 万吨，增幅 9.7%。

河南粮食播种面积 9 432.0 千公顷，比 2010 年增加 125.0 千公顷，增幅 1.5%。粮食总产 5 832.0 万吨，增产 107.4 万吨，增幅 2.0%。

山东粮食播种面积 6 870.1 千公顷，比 2010 年增加 67.8 千公顷，增幅 1.0%。粮食总产 4 227.2 万吨，增产 91.5 万吨，增幅 2.2%。

辽宁粮食播种面积 2 921.3 千公顷，比 2010 年增加 19.9 千公顷，增幅 0.7%。粮食总产 1 903.2 万吨，总产 257.3 万吨，增产 15.6%。

吉林粮食播种面积 4 133.4 千公顷，比 2010 年增加 32.8 千公顷，增幅 0.8%。粮食总产 3 042.6 万吨，总产 382.3 万吨，增幅 14.4%。

黑龙江粮食播种面积 11 032.5 千公顷，比 2010 年增加

67.4 千公顷，增幅 0.6%。粮食总产 5 383.0 万吨，增产 537.2 万吨，增幅 11.1%。

表 3-2　2011 年粮食主产省粮食播种面积和产量

区域	2011 年播种面积（千公顷）	比 2010 年变化量（千公顷）	比 2010 年变化率（%）	2011 年粮食产量（万吨）	比 2010 年变化量（万吨）	比 2010 年变化率（%）
河北	5 651.00	−5.5	−0.1	3 005.4	184.2	6.5
内蒙古	4 015.10	59.1	1.5	2 018.1	179.0	9.7
河南	9 432.0	125.0	1.3	5 382.0	107.4	2.0
山东	6 870.10	67.8	1.0	4 227.20	91.5	2.2
辽宁	2 921.30	19.9	0.7	1 903.20	257.3	15.6
吉林	4 133.40	32.8	0.8	3 042.60	382.3	14.4
黑龙江	11 032.50	67.4	0.6	5 383.00	537.2	11.1
江苏	4 995.00	37.1	0.7	3 171.20	76.9	2.4
安徽	6 318.50	7.4	0.1	3 072.90	50.3	1.7
江西	3 449.50	3.4	0.1	1 983.50	94.3	5.0
湖北	3 701.10	29.4	0.8	2 261.80	74.2	3.4
湖南	4 526.10	73.6	1.7	2 797.60	91.5	3.4
四川	4 855.30	8.6	0.2	2 712.70	50.8	1.9
13 省份总计	71 900.9	526.0	0.7	40 961.2	2 176.9	5.6

江苏粮食播种面积 4 995.0 千公顷，比 2010 年增加 37.1 千公顷，增幅 0.7%。粮食总产 3 171.2 万吨，增产 76.9 万吨，增幅 2.4%。

安徽粮食播种面积 6 318.5 千公顷，比 2010 年增加 7.4 千公顷，增幅 0.1%。粮食总产 3 072.9 万吨，增产 50.3 万吨，增幅 1.7%。

江西粮食播种面积 3 449.5 千公顷，比 2010 年增加 3.4 千公顷，增幅 0.1%。粮食总产 1 983.5 万吨，增产 94.3 万吨，增幅 5.0％。

湖北粮食播种面积 3 701.1 千公顷，比 2010 年增加 29.4 千公顷，增幅 0.8％。粮食总产 2 261.8 万吨，增产 74.2 万吨，增幅 3.4％。

湖南粮食播种面积 4 526.1 千公顷，比 2010 年增加 73.6 千公顷，增幅 1.7％。粮食总产 2 797.6 万吨，增产 91.5 万吨，增幅 3.4％。

四川粮食播种面积 4 855.3 千公顷，比 2010 年增加 8.6 千公顷，增幅 0.2 ％。粮食总产 2 712.7 万吨，增产 50.8 万吨，增幅 1.9％。

总体上，2011 年全国粮食主产省粮食播种面积 71 900.9 千公顷，比 2010 年增加 526.0 千公顷，增幅 0.7％。粮食总产 40 961.2 万吨，增产 2 176.9 万吨，增幅 5.6％。

2011 年全国四大粮食作物播种面积中，水稻占 31.4％，小麦占 25.3％，玉米占 35.0％，大豆占 8.2％。和 2010 年相比，水稻比例没有变化，小麦减少 0.2 个百分点，玉米增加 0.8 个百分点，大豆减少 0.8 个百分点（表 3-3）。

表 3-3　2011 年全国和分区粮食种植结构

区域	水稻比例（％）	小麦比例（％）	玉米比例（％）	大豆比例（％）
全国	31.4	25.3	35.0	8.24
华北	3.3	43.9	47.1	5.7
东北	23.8	1.7	54.5	20.1
东南	65.0	20.6	8.7	5.7
西南	46.8	15.3	33.0	4.9
西北	3.9	48.2	42.8	5.1

华北水稻占 3.3％，小麦占 43.9％，玉米占 47.1％，大豆占 5.7％。和 2010 年相比，水稻比例没有变化，小麦比例

减少 0.4 个百分点, 玉米增加 0.9 个百分点, 大豆减少 0.5 个百分点。

东北水稻占 23.8％, 小麦占 1.7％, 玉米占 54.5％, 大豆占 20.1％。和 2010 年相比, 水稻增加 2.4 个百分点, 小麦比例没有变化, 玉米增加 3.8 个百分点, 大豆减少 6.1 个百分点。

东南水稻占 65.0％, 小麦占 20.6％, 玉米占 8.7％, 大豆占 5.7％。和 2010 年相比, 水稻减少 0.4 个百分点, 小麦增加 0.2 个百分点, 玉米增加 0.5 个百分点, 大豆减少 0.3 个百分点。

西南水稻占 46.8％, 小麦占 15.3％, 玉米占 33.0％, 大豆占 4.9％。和 2010 年相比, 水稻比例没有变化, 小麦减少 0.2 个百分点, 玉米增加 0.2 个百分点, 大豆比例没有变化。

西北水稻占 3.9％, 小麦占 48.2％, 玉米占 42.8％, 大豆占 5.1％。和 2010 年相比, 水稻减少 0.1 个百分点, 小麦减少 1.2 个百分点, 玉米增加 1.3 个百分点, 大豆比例没有变化。

河北水稻占 1.5％, 小麦占 42.4％, 玉米占 53.7％, 大豆占 2.4％。和 2010 年相比, 水稻增加 0.1 个百分点, 小麦减少 0.4 个百分点, 玉米增加 0.5 个百分点, 大豆减少 0.2 个百分点 (表 3-4)。

内蒙古水稻占 2.2％, 小麦占 14.1％, 玉米占 66.5％, 大豆占 17.1％。和 2010 年相比, 水稻减少 0.1 个百分点, 小麦减少 0.2 个百分点, 玉米增加 3.7 个百分点, 大豆减少 3.4 个百分点。

河南水稻占 6.8％, 小麦占 56.4％, 玉米占 32.1％, 大豆占 4.7％。和 2010 年相比, 水稻增加 0.1 个百分点, 小麦减少 0.3 个百分点, 玉米增加 0.4 个百分点, 大豆减少 0.2 个百分点。

表3-4 2011年粮食主产省粮食种植结构

区域	水稻比例 （％）	小麦比例 （％）	玉米比例 （％）	大豆比例 （％）
河北	1.5	42.4	53.7	2.4
内蒙古	2.2	14.1	66.5	17.1
河南	6.8	56.4	32.1	4.7
山东	1.8	52.3	43.6	2.3
辽宁	22.6	0.2	73.1	4.1
吉林	16.7	0.1	75.8	7.4
黑龙江	26.7	2.7	41.6	29.0
江苏	45.0	42.3	8.3	4.4
安徽	35.3	37.7	13.0	14.0
江西	96.2	0.3	0.7	2.8
湖北	55.0	27.4	14.9	2.7
湖南	89.8	0.9	7.2	2.0
四川	41.4	25.9	28.1	4.6

山东水稻占1.8％，小麦占52.3％，玉米占43.6％，大豆占2.3％。和2010年相比，水稻减少0.1个百分点，小麦减少0.1个百分点，玉米增加0.2个百分点，大豆比例没有变化。

辽宁水稻占22.6％，小麦占0.2％，玉米占73.1％，大豆占4.1％。和2010年相比，水稻减少0.8个百分点，小麦比例没有变化，玉米增加0.9个百分点，大豆减少0.1个百分点。

吉林水稻占16.7％，小麦占0.1％，玉米占75.8％，大豆占7.4％。和2010年相比，水稻增加0.3个百分点，小麦未变，玉米增加1.5个百分点，大豆减少1.8个百分点。

黑龙江水稻占26.7％，小麦占2.7％，玉米占41.6％，大豆占29％。和2010年相比，水稻增加1.4个百分点，小麦减少0.1个百分点，玉米增加1.8个百分点，大豆减少3.4个百分点。

江苏水稻占 45.0％，小麦占 42.3％，玉米占 8.3％，大豆占 4.4％。和 2010 年相比，水稻减少 0.1 个百分点，小麦增加 0.1 个百分点，玉米增加 0.2 个百分点，大豆减少 0.2 个百分点。

安徽水稻占 35.3％，小麦占 37.7％，玉米占 13.0％，大豆占 14.0％。和 2010 年相比，水稻减少 0.3 个百分点，小麦增加 0.2 个百分点，玉米增加 0.9 个百分点，大豆减少 0.9 个百分点。

江西水稻 96.2％，小麦占 0.3％，玉米占 0.7％，大豆占 2.8％。和 2010 年相比，水稻减少 0.1 个百分点，小麦比例未变，玉米增加 0.2 个百分点，大豆减少 0.1 个百分点。

湖北水稻占 55.0％，小麦占 27.4％，玉米占 14.9％，大豆占 2.7％。和 2010 年相比，水稻减少 0.5 个百分点，小麦增加 0.2 个百分点，玉米增加 0.4 个百分点，大豆减少 0.1 个百分点。

湖南水稻占 89.8％，小麦占 0.9％，玉米占 7.2％，大豆占 2.0％。和 2010 年相比，水稻减少 2.2 个百分点，小麦增加 0.6 个百分点，玉米增加 1.6 个百分点，大豆减少 0.1 个百分点。

四川水稻占 41.4％，小麦占 25.9％，玉米占 28.1％，大豆占 4.6％。和 2010 年相比，水稻比例没变，小麦减少 0.2 个百分点，玉米增加 0.1 个百分点，大豆未变。

（二）粮食总产与粮食耗水量

2011 年全国粮食耗水量 5 187.7 亿米^3，比 2010 年增加 10.9 亿米^3，增幅 0.21％。而粮食总产则比 2010 年增加 4.26％（表 3-5）。

华北粮食耗水量 1 116.9 亿米^3，比 2010 年减少 12.9 亿米^3，

减幅1.16%，粮食总产增加4.17%。东北粮食耗水量958.7亿米³，比2010年增加22.3亿米³，增幅2.33%，粮食总产增加11.4%。东南粮食耗水量1 591.6亿米³，比2010年增加11.2亿米³，增幅0.71%，粮食总产增幅2.93%。西南粮食耗水量844.3亿米³，比2010年减少8.6亿米³，减幅1.0%，粮食总产减幅2.53%。西北粮食耗水量676.3亿米³，比2010年减少1.1亿米³，减幅0.16%，粮食总产增幅3.71%。华北和西北在粮食耗水量小幅下降的情况下，粮食总产仍然有稳定的提高，东北地区用2.33%粮食耗水量的增加，取得了粮食产量10%以上的增幅，表明这些区域水分生产效率得到提升，也带动了全国粮食水分生产力的提升。

表3-5　2011年全国和分区粮食耗水量

区域	2011年粮食耗水量（亿米³）	比2010年变化量（亿米³）	比2010年变化率（%）	粮食总产比2010年变化率（%）
全国	5 187.7	-10.9	-0.21	4.26
华北	1 116.9	-12.9	-1.16	4.17
东北	958.7	22.3	2.33	11.4
东南	1 591.6	11.2	0.71	2.93
西南	844.3	-8.6	-1.0	-2.53
西北	676.3	-1.1	-0.16	3.71

河北粮食耗水量230.7亿米³，比2010年减少0.4亿米³，减幅1.7%，粮食总产增幅6.5%（表3-6）。内蒙古粮食耗水量230.9亿米³，比2010年增加1.7亿米³，增幅0.8%，粮食总产增幅9.7%。河南粮食耗水量261.1亿米³，比2010年增加2.9亿米³，增幅1.1%，粮食总产增幅2.0%。山东粮食耗水量243.9亿米³，比2010年减少18.7亿米³，减幅7.1%，粮食总产增幅2.2%。辽宁粮食耗水量147.9亿米³，比2010

年减少 0.3 亿米³，减幅 0.2%，粮食总产增加 15.6%。吉林粮食耗水量 219.2 亿米³，比 2010 年减少 7.7 亿米³，减幅 3.6%，粮食总产增加 14.4%。黑龙江耗水量 591.5 亿米³，比 2010 年增加 15.0 亿米³，增幅 2.6%，粮食总产增幅 11.1%。

表 3 - 6　2011 年粮食主产省粮食耗水量

区域	2011 年粮食耗水量（亿米³）	比 2010 年变化量（亿米³）	比 2010 年变化率（%）	粮食总产比2010 年变化率（%）
河北	230.7	−4.0	−1.7	6.5
内蒙古	230.9	1.7	0.8	9.7
河南	261.1	2.9	1.1	2.0
山东	243.9	−18.7	−7.1	2.2
辽宁	147.9	−0.3	−0.2	15.6
吉林	219.2	7.7	3.6	14.4
黑龙江	591.5	15.0	2.6	11.1
江苏	332.4	4.4	1.4	2.49
安徽	241.8	2.5	1.0	1.7
江西	188.4	9.1	5.1	5.0
湖北	194.0	1.1	0.6	3.4
湖南	211.1	−0.7	−0.3	3.4
四川	235.9	−1.1	−0.5	1.9
13 省份总计	3 328.9	19.6	0.6	5.6

江苏耗水量 332.4 亿米³，比 2010 年增加 4.4 亿米³，增幅 1.4%，粮食总产增幅 2.4%。安徽粮食耗水量 241.8 亿米³，比 2010 年增加 2.5 亿米³，增幅 1.0%，粮食总产增幅

1.7%。江西粮食耗水量 188.4 亿米³，比 2010 年增加 9.1 亿米³，增幅 5.1%，粮食总产增幅 5.0%。湖北粮食耗水量 194.0 亿米³，比 2010 年增加 1.1 亿米³，增幅 0.6%，粮食总产增幅 3.4%。湖南粮食耗水量 211.1 亿米³，比 2010 年减少 0.7 亿米³，减幅 0.3%，粮食总产增幅 3.4%。四川粮食耗水量 235.9 亿米³，比 2010 年减少 1.1 亿米³，减幅 0.5%，粮食总产增幅 1.9%。

总体上 2011 年粮食主产省粮食耗水量 3 328.9 亿米³，比 2010 年增加 19.6 亿米³，增幅 0.6%，而粮食总产增幅 5.6%。

（三）主要粮食作物耗水量

2011 年，全国四大粮食作物（水稻、小麦、玉米、大豆）中，水稻耗水量最多，为 2528.1 亿米³，占总耗水量的 48.7%；小麦耗水量 1148.8 亿米³，占 22.1%；玉米耗水量 1 273.2 亿米³，占 24.5%；大豆耗水量 237.6 亿米³，占 4.6%（表 3 - 7）。

表 3 - 7　2011 年全国主要粮食作物耗水量和产量

作物	水稻	小麦	玉米	大豆
耗水量（亿米³）	2 528.1	1 148.8	1 273.2	237.6
耗水比例（%）	48.7	22.1	24.5	4.6
产量（万吨）	20 100.2	11 740.1	19 278.1	1 448.4
产量比例（%）	38.2	22.3	36.7	2.8

2011 年，全国水稻总产 20 100.2 万吨，占主要粮食作物总产量的 38.2%。小麦总产 11 740.1 万吨，占主要粮食作物总产量的 22.3%。玉米总产 19 278.1 万吨，占主要粮食作物总产的 36.7%。大豆总产 1 448.4 万吨，占主要粮食作物总产的 2.8%。

四、农业用水效率

（一）粮食作物水分生产力

2011 年全国粮食水分生产力 1.013 千克/米³，比 2010 年增加 0.041 千克/米³，增幅 4.23%（表 4-1）。特别要指出的是，2011 年我国粮食水分生产力首次历史性突破了 1.00 千克/米³的大关，说明我国粮食作物水分生产力从整体上达到了新的高度。

表 4-1　2011 年全国和分区粮食水分生产力

区域	2011 年水分生产力 （千克/米³）	比 2010 年变化量 （千克/米³）	比 2010 年变化率 （%）
全国	1.013	0.041	4.23
华北	1.435	0.075	5.55
东北	1.077	0.1	10.23
东南	1.005	0.022	2.21
西南	0.817	−0.013	−1.54
西北	0.490	0.018	3.88

华北粮食水分生产力 1.435 千克/米³，比 2010 年增加 0.075 千克/米³，增幅 5.55%。东北粮食水分生产力 1.077 千克/米³，比 2010 年增加 0.100 千克/米³，增幅 10.23%。东南粮食水分生产力 1.005 千克/米³，比 2010 年增加 0.022 千克/米³，增幅 2.21%。西南粮食水分生产力 0.817 千克/米³，比 2010 年减少 0.013 千克/米³，减幅 1.54%。西北粮食水分生

产力 0.490 千克/米^3，比 2010 年增加 0.018 千克/米^3，增幅 3.88%。

主要依靠绿水生产的东北地区和主要依靠蓝水生产水稻的东南地区的粮食水分生产力均首次从总体上突破了 1.00 千克/米^3。

河北粮食水分生产力 1.303 千克/米^3，比 2010 年增加 0.101 千克/米^3，增幅 8.39%（表 4-2）。内蒙古粮食水分生产力 0.874 千克/米^3，比 2010 年增加 0.072 千克/米^3，增幅 8.91%。河南粮食水分生产力 2.061 千克/米^3，比 2010 年增加 0.018 千克/米^3，增幅 0.89%。山东粮食水分生产力 1.733 千克/米^3，比 2010 年增加 0.158 千克/米^3，增幅 10.04%。辽宁粮食水分生产力 1.286 千克/米^3，比 2010 年增加 0.176 千克/米^3，增幅 15.9%。吉林粮食水分生产力 1.388 千克/米^3，比 2010 年增加 0.130 千克/米^3，增幅 10.37%。黑龙江粮食水分生产力 0.910 千克/米^3，比 2010 年增加 0.07 千克/米^3，增幅 8.27%。

表 4-2　2011 年粮食主产省粮食水分生产力

区域	2011 年水分生产力（千克/米^3）	比 2010 年变化量（千克/米^3）	比 2010 年变化率（%）
河北	1.303	0.101	8.39
内蒙古	0.874	0.072	8.91
河南	2.061	0.018	0.89
山东	1.733	0.158	10.04
辽宁	1.286	0.176	15.9
吉林	1.388	0.130	10.37
黑龙江	0.910	0.07	8.27
江苏	0.954	0.011	1.12

（续）

区域	2011 年水分生产力 （千克/米³）	比 2010 年变化量 （千克/米³）	比 2010 年变化率 （％）
安徽	1.271	0.008	0.62
江西	1.053	−0.001	−0.08
湖北	1.166	0.032	2.80
湖南	1.326	0.047	3.71
四川	1.150	0.027	2.39

江苏粮食水分生产力 0.954 千克/米³，比 2010 年增加 0.011 千克/米³，增幅 1.12％。安徽粮食水分生产力 1.271 千克/米³，增加 0.008 千克/米³，增幅 0.62％。江西粮食水分生产力 1.053 千克/米³，比 2010 年减少 0.001 千克/米³，减幅 0.08％。湖北粮食水分生产力 1.166 千克/米³，比 2010 年增加 0.032 千克/米³，增幅 2.80％。湖南粮食水分生产力 1.326 千克/米³，比 2010 年增加 0.047 千克/米³，增幅 3.71％。四川粮食水分生产力 1.150 千克/米³，比 2010 年增加 0.027 千克/米³，增幅 2.39％。

2011 年，绝大多数主产省的粮食水分生产力都呈增加趋势。从增加幅度上看，北方主产省的增加幅度高于南方主产省。

（二）粮食水分生产力和粮食单产

农业用水和粮食单产之间关系密切，总体上，粮食单产越高，粮食水分生产力越高（图 4-1）。本报告中计算的粮食单产是用 4 种粮食作物的总产除以 4 种粮食作物的总播种面积。

2011 年全国粮食单产 5.63 吨/公顷，水分生产力 1.030 千克/米³。华北粮食单产 5.52 吨/公顷，水分生产力 1.435 千

克/米³。东北粮食单产 5.71 吨/公顷，水分生产力 1.077
千克/米³。东南粮食单产 5.78 吨/公顷，水分生产力 1.005 千
克/米³。西南粮食单产 4.95 吨/公顷，水分生产力 0.817
千克/米³。西北粮食单产 4.74 吨/公顷，水分生产力 0.490 千
克/米³。

与 2010 年相比，全国及各地区的单产和水分生产力的相
对位置没有明显变化（图 4 - 1）。

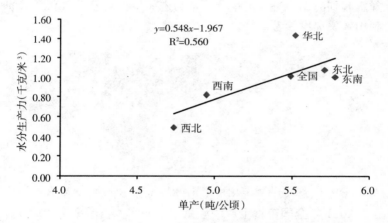

图 4 - 1　2011 年全国和分区粮食水分生产力和粮食单产关系

河北省粮食单产 5.32 吨/公顷，水分生产力 1.303 千克/
米³。内蒙古粮食单产 5.03 吨/公顷，水分生产力 0.874 千克/
米³。河南粮食单产 5.71 吨/公顷，水分生产力 2.061 千克/米³。
山东粮食单产 6.15 吨/公顷，水分生产力 1.733 千克/米³。辽宁
粮食单产 6.51 吨/公顷，水分生产力 1.286 千克/米³。吉林粮食
单产 7.36 吨/公顷，水分生产力 1.388 千克/米³。黑龙江粮食单
产 4.88 吨/公顷，水分生产力 0.910 千克/米³。江苏粮食单产
6.35 吨/公顷，水分生产力 0.954 千克/米³。安徽粮食单产 4.86
吨/公顷，水分生产力 1.271 千克/米³。江西粮食单产 5.75 吨/
公顷，水分生产力 1.053 千克/米³。湖北粮食单产 6.11 吨/公

顷，水分生产力 1.166 千克/米³。湖南粮食单产 6.18 吨/公顷，水分生产力 1.326 千克/米³。四川粮食单产 5.59 吨/公顷，水分生产力 1.150 千克/米³。

（三）灌溉水与降水贡献率

在粮食生产中所消耗的水，既包括灌溉水也包括降水。通过计算灌溉水和降水贡献率，可以对区域粮食生产中灌溉水和降水起到的作用进行定量评价，为进一步提高灌溉水和降水的利用效率提供参考依据。

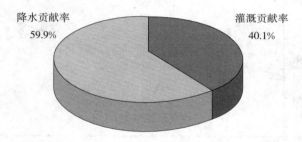

降水贡献率 59.9%　灌溉贡献率 40.1%

图 4-2　2011 年全国粮食生产灌溉贡献率和降水贡献率

2011 年全国粮食生产中灌溉水（蓝水）贡献率为 40.1%，耕地有效降水（绿水）贡献率为 59.9%（图 4-2），与 2010 年持平。

五、结　　语

2011 年全国降水量比上年大幅度减少，降幅达 16.3%，水资源总量下降幅度更大，为 24.8%。尽管降水量大幅减少，但耕地降水量下降幅度小于降水量下降幅度，降水总量比上年减少 405.3 亿米³，降幅 8.74%。耕地灌溉总量比上年增加

43.4亿米^3，增幅1.31％。广义农业水资源量7 590.0亿米^3，减少361.9亿米^3，减幅4.55％。其中，耕地有效降水（绿水）占55.7％，耕地灌溉水（蓝水）占44.3％。虽然降水量减幅达16.3％，但广义农业水资源量减幅仅4.55％，同时全国农田有效灌溉面积比上年增长2.10％。在这种农业水资源条件下，2011年全国粮食总产达到52 566.8万吨，比2010年增加2 239.3万吨，增幅4.4％，单产达到5.63吨/公顷，比2010年增加0.20吨/公顷，增幅3.64％。粮食生产总耗水量5 187.7亿米^3，比上年增加10.9亿米^3，增幅0.21％。粮食耗水增加幅度小于粮食总产的增幅，说明粮食水分生产力的提高。2011年粮食水分生产力达到1.013千克/米^3，比2010年增加0.041千克/米^3，增幅4.23％。值得注意的是，中国四大粮食作物总体的水分生产力首次突破了1.000千克/米^3。如前所述，粮食水分生产力和粮食单产水平关系密切，基本呈正相关。在种植结构米^{3}面，水分生产力较高的玉米的播种面积和产量都比上年增加，其中玉米占总播面积比例提高了0.8个百分点，产量增加8.06％，玉米单产水平提高了5.11％。全国13个粮食主产省中，只有江西省的水分生产力小幅下降，降幅0.08％，其余12个省的水分生产力都有提高，其中，山东和吉林的增幅超过10％。

分区考察，华北降水量比2010年减少3.0％，水资源总量减少5.1％。由于天然降水转化成水资源的过程中受到地形、地貌、土地覆被/利用、降水和径流模式等诸多因素的影响，水资源和降水量的变化并非线性关系。但是，华北地下水资源量比上年增加了11.5亿米^3，增幅1.4％，说明降水补给地下水量的增加。从广义农业水资源量考察，华北耕地降水量增加8.05亿米^3，增幅0.69％，耕地灌溉量减少7.91亿米^3，减幅1.4％，广义农业水资源量几乎没有增加。同年，粮食播种面积增加1.08％，粮食总产增加4.2％。粮食总耗水量增加

4.17％，粮食水分生产力增幅 5.55％，粮食单产增幅 3.12％。

东北降水量比上年减少 1597.8 亿米³，减幅 29.2％。水资源总量减少 906.7 亿米³，减幅 42.2％，大于降水减少幅度。地下水资源减少 104.6 亿米³，减幅 18.5％。耕地降水量比上年减少 154.0 亿米³，减幅 21.7％，耕地灌溉量比上年增加 31.1 亿米³，增幅 7.86％；广义农业水资源量减少 122.9 亿米³，减幅 11.1％。粮食播种面积增加 0.66％，总产增加 11.39％，单产增幅 10.8％，粮食耗水总量增加 2.33％，水分生产力增加 10.23％。

东南降水量比上年减少 27.4％，水资源总量减少 39.0％。耕地有效降水量减少 10.6％，耕地灌溉量比上年增加 1.57％，广义农业水资源减少 4.90％。粮食播种面积增加 0.45％，粮食总产增加 2.93％，总耗水量增加 0.71％。粮食单产增加 2.47％，水分生产力增加 2.21％。东南地区是我国水资源最为丰富，水土资源匹配也是最好的地区之一，由于该区水资源较为丰富，单产水平较高，水分生产力水平也较高，因此继续提高水分生产力的空间有限。

西南降水量比上年减少 10.5％，水资源减少 14.1％。耕地有效降水减少 10.96％，耕地灌溉减少 0.49％，广义农业水资源量减少 7.58％。同年，粮食播种面积减少 0.42％，总产降低 2.53％，粮食单产降低 2.94％。总耗水量降低 1.0％，粮食水分生产力降低 1.54％。

西北降水量比上年减少 8.1％，而水资源总量则减少 4.5％。耕地有效降水减少 1.78％，耕地灌溉增加 0.38％，广义农业水资源量增加 0.86％。同年，粮食播种面积减少 0.08％，总产增加 3.71％，单产增加 3.79％。总耗水减少 0.16％，粮食水分生产力增加 3.88％。

第三部分

2012 年中国农业用水报告

一、水　资　源

（一）降水量

降水量是水资源和农业用水的主要来源，我国多年平均降水量为 620 毫米，全国分布不均，南方多、北方少；东部多、西部少。2012 年，全国平均年降水量 688.0 毫米，折合降水总量为 65 150.1 亿米^3，比常年偏多 7.1%。2012 年平均年降水量比 2011 多 105.7 毫米，折合降水总量比 2011 年多 10 017.2亿米^3，增加 18.17%，增加幅度较大。

2012 年全国分区降水量变化见表 1-1。和 2011 年相比，华北、东北、东南、西南和西北区降水量都有所增加。华北增加 685.7 亿米^3，增幅 9.6%；东北增加 1 629.1 亿米^3，增幅 42.0%；东南增加 5 381.6 亿米^3，增幅 35.1%；西南增加 2 158.3 亿米^3，增幅 10.5%；西北增加 162.3 亿米^3，增幅 2.0%。

表 1-1　　2012 年全国和分区降水总量

区域	2012 年降水总量 （亿米^3）	比 2011 年变化量 （亿米^3）	比 2011 年变化率 （%）
全国	65 150.2	10 017.0	18.2
华北	7 845.4	685.7	9.6
东北	5 509.6	1 629.1	42.0
东南	20 715.3	5 381.6	35.1
西南	22 665.2	2 158.3	10.5
西北	8 414.7	162.3	2.0

2012 年全国 13 个粮食主产省降水总量变化见表 1-2。13

个主产省中，11 个降水总量比 2011 年增加，2 个粮食主产省降水总量减少。2012 年，河北省降水量增加 212.3 亿米³，增幅 22.9%；内蒙古增加 929.6 亿米³，增幅达 33.9%；辽宁增加 476.1 亿米³，增幅 54.8%；吉林增加 446.7 亿米³，增幅 47.6%；黑龙江增加 706.3 亿米³，增幅 34.1%；安徽增加 152.5 亿米³，增幅 10.3%；江西增加 1438.1 亿米³，增幅 66.1 %；湖北增加 105.9 亿米³，增幅 5.8%；湖南增加 1 358.0 亿米³，增幅 61.0%；四川增加 689.0 亿米³，增幅 16.0%。河南减少 216.7 亿米³，减幅 17.8%；山东减少 152.1 亿米³，减幅 13.0%；江苏减少 59.3 亿米³，减幅 5.7%。13 个粮食主产省整体上比 2011 年增加降水量 6 086.4 亿米³，增幅 26.5%。

表 1 - 2　2012 年粮食主产省降水总量

区域	2012 年降水量 （亿米³）	比 2011 年变化量 （亿米³）	比 2011 年变化率 （%）
河北	1 138.2	212.3	22.9
内蒙古	3 670.8	929.6	33.9
河南	1 001.9	−216.7	−17.8
山东	1 019.7	−152.1	−13.0
辽宁	1 344.8	476.1	54.8
吉林	1 386.0	446.7	47.6
黑龙江	2 778.8	706.3	34.1
江苏	972.4	−59.3	−5.7
安徽	1 637.1	152.5	10.3
江西	3 614.5	1 438.1	66.1
湖北	1 942.9	105.9	5.8
湖南	3 584.9	1 358.0	61.0
四川	5 003.1	689.0	16.0
13 省份总计	29 095.1	6 086.4	26.5

（二）水资源总量

2012 年，全国地表水资源量为 28 373.3 亿米^3，比常年值偏多 6.2％；地下水资源量为 8 296.4 亿米^3，比常年值偏多 2.8％；地下水与地表水不重复量为 1 155.5 亿米^3，水资源总量为 29 528.8 亿米^3，比常年值偏多 6.6％。2012 年降水比 2011 年增加了 18.2％，相应地，水资源总量比 2011 年增加了 27.0％。

2012 年全国分区域水资源总量变化量和变化率见表 1-3。华北、东北、东南和西南水资源量比 2011 年都有所增加，西北略有减少。其中，华北增加 45.9 亿米^3，增幅 3.2％；东北增加 609.0 亿米^3，增幅 49.1％；东南增加 3 921.5 亿米^3，增幅 52.2％；西南增加 1 705.6 亿米^3，增幅 16.1％；西北减少 10.1 亿米^3，减幅 0.4％。总体上，水资源总量的增减和降水量增减的趋势基本一致，即降水量增加，水资源总量增加；降水量减少，水资源总量也随之减少。

表 1-3　全国和分区水资源总量

区域	2012 年水资源总量 （亿米^3）	比 2011 年变化量 （亿米^3）	比 2011 年变化率 （％）
全国	29 528.7	6 271.9	27.0
华北	1 464.2	45.9	3.2
东北	1 849.2	609.0	49.1
东南	11 434.3	3 921.5	52.2
西南	12 316.9	1 705.6	16.1
西北	2 464.1	−10.1	−0.4

2012 年全国粮食主产省水资源总量变化情况见表 1-4。13 个粮食主产省中除河南，山东，江苏外水资源总量都增加，其中河北增加了 78.3 亿米^3，增幅 49.8％；内蒙古增加了

91.3 亿米³，增幅 21.8%；辽宁增加 252.5 亿米³，增幅 85.7%；吉林增加 144.6 亿米³，增幅 45.8%；黑龙江增加 211.9 亿米³，增幅 33.7%；安徽增加 98.9 亿米³，增幅 16.4%；江西增加 1136.5 亿米³，增幅 109.5%；湖北增加 56.4 亿米³，增幅 7.4%；湖南增加 862.0 亿米³，增幅 76.5%；四川增加 652.9 亿米³，增幅 29.2%。河南减少了 62.5 亿米³，减幅 19.1%；山东减少 73.3 亿米³，减幅 21.1%；江苏减少 119.1 亿米³，减幅 14.2%。增加最突出的是江西，超过 100%，其次为辽宁和湖南，增幅超过 50%。

表 1-4　全国粮食主产省水资源总量

区域	2012 年水资源总量 （亿米³）	比 2011 年变化量 （亿米³）	比 2011 年变化率 （%）
河北	235.50	78.3	49.8
内蒙古	510.30	91.3	21.8
河南	265.50	−62.5	−19.1
山东	274.30	−73.3	−21.1
辽宁	547.30	252.5	85.7
吉林	460.50	144.6	45.8
黑龙江	841.40	211.9	33.7
江苏	373.30	−119.1	−24.2
安徽	701.00	98.9	16.4
江西	2 174.40	1 136.5	109.5
湖北	813.90	56.4	7.4
湖南	1 988.90	862.0	76.5
四川	2 892.40	652.9	29.2
13 省份总计	12 078.7	3 330.4	38.1

（三）地下水资源量

2012 年，全国地下水资源总量为 8 296.4 亿米³，比 2011

年增加1 081.7亿米^3，增幅15.0%（表1-5）。各区域地下水资源均呈增加趋势。2012年，华北地下水资源量871.6亿米^3，增加22.9亿米^3，增幅2.7%；东北584.2亿米^3，增加122.2亿米^3，增幅26.5%；东南2 623.4亿米^3，增加609.1亿米^3，增幅30.2%；西南2 968.7亿米^3，增加265.6亿米^3，增幅9.8%；西北1 248.4亿米^3，增加61.9亿米^3，增幅5.2%。

表1-5 2012年全国和分区地下水资源量

区域	2012年地下水资源量 （亿米^3）	比2011年变化量 （亿米^3）	比2011年变化率 （%）
全国	8 296.3	1 081.7	15.0
华北	871.6	22.9	2.7
东北	584.2	122.2	26.5
东南	2 623.4	609.1	30.2
西南	2 968.7	265.6	9.8
西北	1 248.4	61.9	5.2

全国粮食主产省整体上地下水资源量增加，2012年比2011年增加487.7亿米^3，增幅17.0%。除河南、山东、安徽的地下水资源量减少外，其余各省地下水资源量增加（表1-6）。其中河北增加38.6，增幅30.6%；内蒙古增加45.0亿米^3，增幅21.1%；辽宁增加35.5亿米^3，增幅31.7%；吉林增加34.1亿米^3，增幅30.2%；黑龙江增加52.6亿米^3，增幅22.2%；安徽增加15.8亿米^3，增幅11.0%；江西增加147.1亿米^3，增幅46.7%；湖北增加10.9亿米^3，增幅4.3%；湖南增加138.0亿米^3，增幅49.3%；四川增加36.7亿米^3，增幅6.3%。河南比2011年减少30.0亿米^3，减幅15.6%；山东减少31.7亿米^3，减幅16.2%；江苏减少4.9亿米^3，减幅4.3%。

表 1 - 6 2012 年粮食主产省地下水资源量

区域	2012 年地下水资源量 （亿米³）	比 2011 年变化量 （亿米³）	比 2011 年变化率 （%）
河北	164.8	38.6	30.6
内蒙古	258.4	45.0	21.1
河南	161.8	−30.0	−15.6
山东	164.2	−31.7	−16.2
辽宁	147.4	35.5	31.7
吉林	147.0	34.1	30.2
黑龙江	289.8	52.6	22.2
江苏	110.2	−4.9	−4.3
安徽	159.3	15.8	11.0
江西	462.3	147.1	46.7
湖北	262.8	10.9	4.3
湖南	417.9	138.0	49.3
四川	614.9	36.7	6.3
13 省份总计	3 360.8	487.7	17.0

（四）广义农业水资源

广义农业水资源是指进入到耕地，能够被作物利用的总水量，是耕地灌溉水量（称为"蓝水"）和耕地有效降水量（称为"绿水"）之和。

2012 年，全国平均降水量 688 毫米，按耕地总面积 121 715.9 千公顷计算，降落在耕地上的有效降水量为 4 730.5 亿米³，即全国耕地所能潜在利用的"绿水"资源总量（表 1 - 7）。2012 年全国耕地灌溉量为 3 363.0 亿米³，即全国耕地的能够潜在利用的"蓝水"资源量。"绿水"和"蓝水"资源的总和为 8 093.5 亿米³，即 2012 年全国广义农业水资源总量。

表 1 - 7　2012 年全国及分省广义农业水资源量和组成

地区	年均降水量 （毫米）	耕地面积 （千公顷）	耕地有效降 水量（亿米^3）	耕地灌溉量 （亿米^3）	广义农业水 资源量（亿米^3）
全国	688	121 715.9	4 730.5	3 363	8 093.5
北京	708.8	231.7	10.0	4.2	14.3
天津	850.4	441.1	20.0	9.0	29.0
河北	606.4	6 317.3	248.0	123.4	371.4
山西	510.1	4 055.8	137.0	36.5	173.5
内蒙古	317.3	7 147.2	148.2	123.8	271.9
河南	605.2	7 926.4	286.7	106.5	393.1
山东	650.8	7 515.3	290.0	117.8	407.8
华北合计		33 634.8	1 139.9	521.2	1 661.0
辽宁	924.2	4 085.3	172.8	77.9	250.7
吉林	739.6	5 534.6	212.9	57.1	270.1
黑龙江	611	11 830.1	391.2	253.6	644.8
东北合计		21 450.0	776.9	388.6	1 165.5
上海	1 275.1	244.0	14.9	15.0	29.9
江苏	953.9	4 763.8	232.4	209.4	441.8
浙江	2 088	1 920.9	98.6	67.9	166.4
安徽	1 173.8	5 730.2	295.6	157.8	453.4
福建	2 049.9	1 330.1	79.8	101.9	181.6
江西	2 165.1	2 827.1	178.4	152.2	330.6
湖北	1 045.1	4 664.1	210.0	178.2	388.2
湖南	1 692.3	3 789.4	207.1	195.0	402.1
广东	1 979.3	2 830.7	172.3	194.8	367.1
海南	1 939.9	727.5	46.5	35.8	82.3
东南合计		32 878.1	1 535.4	1 307.9	2 843.3
重庆	1 080.6	2 235.9	81.0	20.3	101.3
四川	1 033.2	5 947.4	187.3	131.9	319.2

（续）

地区	年均降水量（毫米）	耕地面积（千公顷）	耕地有效降水量（亿米³）	耕地灌溉量（亿米³）	广义农业水资源量（亿米³）
贵州	1 117.1	4 485.3	182.7	41.1	223.9
云南	1 090.1	6 072.1	284.6	91.2	375.8
西藏	555	361.6	5.4	15.1	20.5
广西	1 670.4	4 217.5	240.2	173.1	413.3
西南合计		23 319.8	981.2	472.8	1 453.9
陕西	654.9	4 050.3	139.2	68.9	208.1
甘肃	313.6	4 658.8	83.6	92.2	175.8
青海	371.4	542.7	9.7	16.0	25.8
宁夏	338.9	1 107.1	25.8	55.3	81.1
新疆	182.1	4 124.6	38.8	440.2	479.0
西北合计		10 433.1	297.1	672.6	969.7

2012 年，全国耕地有效降水总量比 2011 年增加 500.8 亿米³，增幅 10.81%。全国耕地灌溉水总量比 2011 年增加 2.6 亿米³，增幅 0.08%。广义农业水资源比 2011 年增加 503.5 亿米³，增幅 6.33%。广义农业水资源中，耕地有效降水（绿水）占 58.4%，耕地灌溉水（蓝水）占 41.6%（图 1-1）。

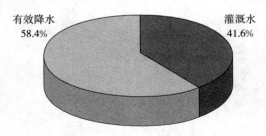

图 1-1　2012 年全国广义农业水资源中耕地有效降水
"绿水"和耕地灌溉"蓝水"的百分比

全国各分区结果表明（表 1‐8），除华北广义农业水资源总量比 2011 年略有减少外，其他地区广义农业水资源量均有不同程度的增加。

表 1‐8　2012 年全国和分区广义农业水资源量

区域	耕地降水量比 2011 年变化量（亿米^3）	耕地降水量比 2011 年变化率（%）	耕地灌溉水比 2011 年变化量（亿米^3）	耕地灌溉水比 2011 年变化率（%）	广义农业水资源比 2011 年变化量（亿米^3）	广义农业水资源比 2011 年变化率（%）
全国	500.8	10.81	2.6	0.08	503.5	6.33
华北	−20.01	−1.74	−40.10	−7.05	−60.12	−3.49
东北	221.88	31.29	−37.93	−2.93	183.95	16.66
东南	214.19	14.50	−5.43	−1.40	208.76	7.54
西南	98.31	9.91	2.26	0.48	100.57	6.87
西北	−13.53	−4.43	83.82	14.29	70.28	7.88

2012 年，华北耕地降水量比 2011 年减少 20.1 亿米^3，增幅 1.74%；耕地灌溉水减少 40.1 亿米^3，减幅 7.05%；广义农业水资源量减少 60.12 亿米^3，减幅 3.49%。

2012 年，东北耕地降水量比 2011 年增加 221.88 亿米^3，增幅 31.29%；耕地灌溉量比上年减少 37.93 亿米^3，减幅 2.93%；广义农业水资源总量增加 183.95 亿米^3，增幅 16.66 %。

2012 年，东南耕地降水量比 2011 年增加 214.19 亿米^3，增幅 14.50%；耕地灌溉水减少 5.43 亿米^3，减幅 1.4%；广义农业水资源量增加 208.76 亿米^3，增幅 7.54%。

2012 年，西南耕地降水量比 2011 年增加 98.31 亿米^3，增幅 9.91%；耕地灌溉水增加 2.26 亿米^3，增幅 0.48%；广义农业水资源量增加 100.57 亿米^3，增幅 6.87%。

2012 年，西北耕地降水量比 2011 年减少 13.53 亿米^3，减幅 4.43%；耕地灌溉量比上年增加 83.82 亿米^3，增幅 14.29%；广义农业水资源总量增加 70.28 亿米^3，增幅 7.88%。

随着 2012 年降水量比上年的大幅度增长，广义农业水资源量也相应增长。其中耕地降水量增长幅度较大，而耕地灌溉量只有微量增长，基本和 2011 年持平。绿水比例从 2011 年的 55.7% 上升到了 2012 的 58.4%，而蓝水比例则相应地从 44.3% 下降到了 41.6%。总体上，2012 年广义农业水资源条件较好。

（五）水土资源匹配

水土资源匹配是指单位耕地面积拥有的平均水资源量。本报告采用 3 种方法计算水土资源匹配：水资源总量和耕地匹配，即用水资源总量除以耕地面积；灌溉水和耕地匹配，即用灌溉水总量除以耕地面积；广义农业水资源和耕地匹配，即用广义农业水资源除以耕地面积。

2012 年，全国水资源总量耕地匹配是 24 260 米^3/公顷，灌溉水量与耕地匹配是 2 763 米^3/公顷，广义农业水资源和耕地匹配是 6 649 米^3/公顷（表 1-9）。

华北耕地面积占全国的 27.63%，水资源总量仅占全国的 4.96%，灌溉水量占全国 15.5%，而广义农业水资源则占全国的 20.52 %。东北耕地面积占全国 17.62%，水资源总量占全国的 6.26 %，灌溉水量占全国的 11.56%，广义农业水资源占全国的 14.4%。东南耕地面积占全国 23.68%，水资源总量占全国 38.72%，灌溉水量占全国 38.89 %，广义农业水资源占全国 35.13 %（表 1-10）。

表 1-9　2010 年全国、省、直辖市、自治区、分区水土资源匹配

区域	耕地比例（%）	水资源总量比例（%）	耕地灌溉水资源比例（%）	广义农业水资源比例（%）	水资源总量与耕地匹配（米³/公顷）	耕地灌溉水量与耕地匹配（米³/公顷）	广义农业水资源与耕地匹配（米³/公顷）
全国	100	100	100	100	24 260	2 763	6 649
北京	0.19	0.13	0.13	0.18	17 049	1 826	6 153
天津	0.36	0.11	0.27	0.36	7 459	2 049	6 581
河北	5.19	0.80	3.67	4.59	3 728	1 953	5 879
山西	3.33	0.36	1.08	2.14	2 618	899	4 278
内蒙古	5.87	1.73	3.68	3.36	7 140	1 732	3 805
河南	6.51	0.90	3.17	4.86	3 350	1 343	4 960
山东	6.17	0.93	3.50	5.04	3 650	1 567	5 426
华北合计	27.63	4.96	15.50	20.52	4 353	1 549	4 938
辽宁	3.36	1.85	2.32	3.10	13 397	1 907	6 137
吉林	4.55	1.56	1.70	3.34	8 320	1 033	4 880
黑龙江	9.72	2.85	7.54	7.97	7 112	2 143	5 450
东北合计	17.62	6.26	11.56	14.40	8 621	1 812	5 434
上海	0.20	0.11	0.45	0.37	13 896	6 162	12 254
江苏	3.91	1.26	6.23	5.46	7 836	4 395	9 273
浙江	1.58	4.90	2.02	2.06	75 315	3 532	8 664
安徽	4.71	2.37	4.69	5.60	12 233	2 753	7 912
福建	1.09	5.12	3.03	2.24	113 630	7 659	13 656
江西	2.32	7.36	4.53	4.08	76 913	5 385	11 694
湖北	3.83	2.76	5.30	4.80	17 450	3 821	8 322
湖南	3.11	6.74	5.80	4.97	52 486	5 145	10 611
广东	2.33	6.86	5.79	4.54	71 589	6 880	12 968
海南	0.60	1.23	1.06	1.02	50 075	4 919	11 310
东南合计	23.68	38.72	38.89	35.13	39 664	4 537	9 863

（续）

区域	耕地比例（%）	水资源总量比例（%）	耕地灌溉水资源比例（%）	广义农业水资源比例（%）	水资源总量与耕地匹配（米³/公顷）	耕地灌溉水量与耕地匹配（米³/公顷）	广义农业水资源与耕地匹配（米³/公顷）
重庆	1.84	1.62	0.60	1.25	21 329	908	4 531
四川	4.89	9.80	3.92	3.94	48 633	2 217	5 366
贵州	3.69	3.30	1.22	2.77	21 715	917	4 991
云南	4.99	5.72	2.71	4.64	27 829	1 503	6 189
西藏	0.30	14.21	0.45	0.25	1 160 408	4 182	5 669
广西	3.47	7.07	5.15	5.11	49 494	4 105	9 800
西南合计	19.16	41.71	14.06	17.96	52 817	2 027	6 235
陕西	3.33	1.32	2.05	2.57	9 641	1 702	5 138
甘肃	3.83	0.90	2.74	2.17	5 731	1 979	3 773
青海	0.45	3.03	0.48	0.32	164 947	2 957	4 749
宁夏	0.91	0.04	1.64	1.00	976	4 996	7 325
新疆	3.39	3.05	13.09	5.92	21 835	10 672	11 612
西北合计	11.90	8.34	20.00	11.98	17 013	4 644	6 695

表 1-10　2012 年分区域水土资源匹配

区域	2012 年耕地面积比例（%）	2012 年水资源量比例（%）	2012 年灌溉水比例（%）	2012 年广义农业水资源比例（%）	2011 年耕地面积比例（%）	2011 年水资源量比例（%）	2011 年灌溉水比例（%）	2011 年广义农业水资源比例（%）
华北	27.63	4.96	15.50	20.52	27.63	6.10	16.70	22.68
东北	17.62	6.26	11.56	14.40	17.62	5.33	12.69	12.93
东南	23.68	38.72	38.89	35.13	23.68	32.30	39.08	34.71
西南	19.16	41.71	14.06	17.96	19.16	45.63	14.00	17.83
西北	11.90	8.34	20.00	11.98	11.90	10.64	17.52	11.85

西南耕地总量占全国 19.16%，水资源总量占全国 41.71%，灌溉水量占全国 14.06 %，广义农业水资源占全国 17.96%。

西北耕地占全国 11.90%，水资源总量仅占全国 8.34%，灌溉水量占全国 20.00%，广义农业水资源占全国 11.98%。

总体上，2012 年全国分区水土资源匹配程度和 2011 年基本持平，没有明显变化。

从农业水土资源匹配数量上分析，2012 年全国水资源总量与耕地匹配比 2011 年增加 5 153 米³/公顷，增幅 27.0%；灌溉水与耕地匹配比 2011 年增加 2 米³/公顷，增幅 0.08%；广义农业水资源与耕地匹配比 2011 年增加 414 米³/公顷，增幅 6.63%（表 1‐11）。

表 1‐11　2012 年全国和分区水土资源匹配

区域	水资源总量与耕地匹配比2011年变化量（米³/公顷）	水资源总量与耕地匹配比2011年变化率（%）	耕地灌溉水量与耕地匹配比2011年变化量（米³/公顷）	耕地灌溉水量与耕地匹配比2011年变化率（%）	广义农业水资源与耕地匹配比2011年变化量（米³/公顷）	广义农业水资源与耕地匹配比2011年变化率（%）
全国	5 153	27.0	2	0.08	414	6.63
华北	136	3.24	−119	−7.15	−179	−3.49
东北	2 839	49.10	−177	−8.89	858	18.74
东南	13 603	52.20	−19	−0.41	724	7.92
西南	7 314	16.07	10	0.48	431	7.43
西北	−70	−0.41	579	14.24	485	7.81

华北水资源总量与耕地匹配比 2011 年增加 136 米³/公顷，增幅 3.24%；灌溉水与耕地匹配比 2011 年减少 119 米³/公顷，减幅 7.15%；广义农业水资源与耕地匹配比 2011 年减少 179 米³/公顷，减幅 3.49%。

东北水资源总量与耕地匹配比 2011 年增加 2 839 米³/公顷，增幅 49.1%；灌溉水与耕地匹配比 2011 年减少 177 米³/公顷，减幅 8.89%；广义农业水资源与耕地匹配比 2011 年增加 858 米³/公顷，增幅 18.74%。

东南水资源总量与耕地匹配比 2011 年增加 13 603 米³/公顷，增幅 52.2%；灌溉水与耕地匹配比 2011 年减少 19 米³/公顷，减幅 0.41%；广义农业水资源与耕地匹配比 2011 年增加 724 米³/公顷，增幅 7.92 %。

西南水资源总量与耕地匹配比 2011 年增加 7 314 米³/公顷，增幅 16.07%；灌溉水与耕地匹配增加 10 米³/公顷，增幅 0.48%；广义农业水资源与耕地匹配增加 431 米³/公顷，增幅 7.43%。

西北水资源总量与耕地匹配比 2011 年减少 70 米³/公顷，减幅 0.41%；灌溉水与耕地匹配增加 579 米³/公顷，减幅 14.24%；广义农业水资源与耕地匹配增加 485 米³/公顷，减幅 7.81%。

(六) 部门用水量分配

用水量是指各类用水户取用的包括输水损失在内的毛水量，又称取水量。全国和分区农业用水量变化见表 1-12。2012 年全国农业用水总量 3 902.7 亿米³，比 2011 年增加 159.3 亿米³，增幅 4.3%，略有增加。全国分区中，华北、东北、西南、西北的农业用水量增加，东南农业用水量减少。其中，华北农业用水量 631.7 亿米³，增加 16.6 亿米³，增幅 2.7%；东北农业用水量 471.1 亿米³，增加 27.5 亿米³，增幅 6.2%；西南农业用水量 564.1 亿米³，增加 45.7 亿米³，增幅 8.8%；西北农业用水量 798.9 亿米³，增加 70.9 亿米³，增幅 9.7%。东南农业用水量 1 436.9 亿米³，比 2011 年减少 1.4 亿米³，减幅 0.1%。

表 1-12　2012 年全国和分区农业用水量

区域	2012 年农业用水量 （亿米³）	比 2011 年变化量 （亿米³）	比 2011 年变化率 （％）
全国	3 902.7	159.3	4.3
华北	631.7	16.6	2.7
东北	471.1	27.5	6.2
东南	1 436.9	−1.4	−0.1
西南	564.1	45.7	8.8
西北	798.9	70.9	9.7

　　全国粮食主产省中，4 个省的农业用水量减少（内蒙古、江苏、安徽、江西），9 个省农业用水量增加（河北、河南、山东、辽宁、吉林、黑龙江、湖北、湖南、四川）（表 1-13）。

表 1-13　2012 年粮食主产省农业用水量

区域	2012 年农业用水量 （亿米³）	比 2011 年变化量 （亿米³）	比 2011 年变化率 （％）
河北	142.9	2.4	1.7
内蒙古	135.4	−0.5	−0.4
河南	135.5	10.9	8.7
山东	154.2	5.3	3.6
辽宁	91.5	1.8	2.0
吉林	84.7	3.1	3.8
黑龙江	294.9	22.6	8.3
江苏	305.4	−2.2	−0.7
安徽	156.9	−11.5	−6.8
江西	155.7	−16.0	−9.3
湖北	166.5	24.2	17.0
湖南	188.5	5.4	2.9
四川	145.8	17.4	13.6
13 省份总计	2 157.9	62.9	3.0

2012 年，内蒙古农业用水量 135.4 亿米³，减少 0.5 亿米³，减幅 0.4%；江苏 305.4 亿米³，减少 2.2 亿米³，减幅 0.7%；安徽 156.9 亿米³，减少 11.5 亿米³，减幅 6.8%；江西 155.7 亿米³，减少 16.0 亿米³，减幅 9.3%。2012 年，河北农业用水量 142.9 亿米³，增加 2.4 亿米³，增幅 1.7%；河南 135.5 亿米³，增加 10.9 亿米³，增幅 8.7%；山东 154.2 亿米³，增加 5.3 亿米³，增幅 3.6%；辽宁 91.5 亿米³，增加 1.8 亿米³，增幅 2.0%；吉林 84.7 亿米³，增加 3.1 亿米³，增幅 3.8%；黑龙江 294.9 亿米³，增加 22.6 亿米³，增幅 8.3%；湖北 166.5 亿米³，增加 24.2 亿米³，增幅 17.0%；湖南 188.5 亿米³，增加 5.4 亿米³，增幅 2.9%；四川 145.8 亿米³，增加 17.4 亿米³，增幅 13.6%。

2012 年，全国和分区部门用水比例变化见表 1-14。2012 年全国农业用水占总用水量的 63.7%，比 2011 年增加 2.4 个百分点；工业用水比例为 22.5%，比 2011 年减少 1.4 个百分点；生活用水比例为 12.1%，比 2011 年减少 0.9 个百分点；生态用水占总用水比例 1.8%，比 2011 年减少 0.1 个百分点。值得注意的是，农业用水份额增加的原因，是在数据统计过程中将生活用水量中的牲畜用水量调整至农业用水量中，并非实际用水量的增加。

全国分区中，华北农业用水占总用水量的 16.7%，比 2011 年增加 1.4 个百分点；工业用水占 16.7%，比 2011 年增加 0.2 个百分点；生活用水占 13.5%，比 2011 年减少 2.2 个百分点；生态用水占 4.8%，比 2011 年增加 0.7 个百分点。

东北农业用水占总用水量的 74.7%，比 2011 年增加 4.0 个百分点；工业用水占 14.6%，比 2011 年减少 2.0 个百分点；生活用水占 8.2%，比 2011 年减少 1.7 个百分点；生态用水占 2.6%，比 2011 年减少 0.3 个百分点。

东南农业用水占总用水量的 52.7%，比 2011 年增加 0.9

个百分点；工业用水占 32.3%，比 2011 年减少 1.1 个百分点；生活用水占 14.1%，增加 0.2 个百分点；生态用水占 1.0%，与 2011 年持平。

表 1-14 2012 年全国和分区部门用水比例变化

区域	2012 年农业用水比例（%）	比 2011 年变化量（百分点）	2012 年工业用水比例（%）	比 2011 年变化量（百分点）	2012 年生活用水比例（%）	比 2011 年变化量（百分点）	2012 年生态用水比例（%）	比 2011 年变化量（百分点）
全国	63.7	2.4	22.5	−1.4	12.1	−0.9	1.8	−0.1
华北	16.7	1.4	16.7	0.2	13.5	−2.2	4.8	0.7
东北	74.7	4.0	14.6	−2.0	8.2	−1.7	2.6	−0.3
东南	52.7	0.9	32.3	−1.1	14.1	0.2	1.0	0.0
西南	62.3	4.5	22.1	−2.8	14.7	−1.4	0.9	−0.3
西北	89.3	2.5	5.1	−0.7	4.4	−1.1	1.2	−0.7

西南农业用水占总用水量的 62.3%，比 2011 年增加 4.5 个百分点；工业用水占 22.1%，减少 2.8 个百分点；生活用水占 14.7%，减少 1.4 个百分点；生态用水占 0.9%，减少 0.3 个百分点。

西北农业用水占总用水量的 89.3%，比 2011 年增加 2.5 个百分点；工业用水占 5.1%，减少 0.7 个百分点；生活用水占 4.4%，减少 1.1 个百分点；生态用水占 1.2%，减少 0.7 个百分点。

全国 13 个粮食主产省农业用水占总用水量的 72.8%，比 2011 年增加 1.8 个百分点；工业用水占 22.3%，比 2011 年减少 2.9 个百分点；生活用水占 11.9%，比 2011 年减少 0.4 个百分点；生态用水占 2.4%，比 2011 年增加 0.6 个百分点（表 1-15）。

河北省农业用水占总用水量的 73.2%，比 2011 年减少 0.2 个百分点；工业用水占 12.9%，比 2011 年减少 0.2 个百分点；生活用水占 11.9％，比 2011 年减少 1.4 个百分点；生态用水占 1.9％，比 2011 年增加 0.1 个百分点。

表 1 - 15 2012 年粮食主产省部门用水比例变化

区域	2012 年农业用水比例（％）	比 2011 年变化量（百分点）	2012 年工业用水比例（％）	比 2011 年变化量（百分点）	2012 年生活用水比例（％）	比 2011 年变化量（百分点）	2012 年生态用水比例（％）	比 2011 年变化量（百分点）
河北	73.2	−0.2	12.9	−0.2	11.9	−1.4	1.9	0.1
内蒙古	73.4	−0.2	12.7	0.0	5.6	−2.5	8.2	2.8
河南	56.8	2.4	25.4	0.6	13.4	−2.9	4.4	−0.1
山东	69.5	3.1	12.7	−0.6	14.8	−2.3	3.0	−0.2
辽宁	64.3	2.3	16.2	−0.4	16.5	−1.5	3.1	−0.3
吉林	65.3	3.1	20.9	0.6	9.2	−2.3	4.6	−1.4
黑龙江	82.2	4.9	11.6	−3.5	4.5	−1.5	1.7	0.1
江苏	55.3	0.0	35.0	0.3	9.1	−0.3	0.6	0.0
安徽	54.2	−2.9	33.7	2.9	10.8	0.0	1.3	0.0
江西	64.2	−1.1	24.2	1.2	10.8	0.0	0.9	0.1
湖北	54.7	6.8	33.3	−7.3	11.9	0.5	0.1	0.0
湖南	57.3	1.3	28.7	−0.5	13.2	−0.7	0.8	0.0
四川	59.3	4.3	22.2	−5.4	17.4	1.0	1.0	0.1
平均	62.8	1.8	22.3	−2.9	11.5	−0.4	2.4	0.6

内蒙古农业用水占总用水量的 73.4％，比 2011 年减少 0.2 个百分点；工业用水占 12.7％，与 2011 年持平；生活用水占 5.6％，比 2011 年减少 2.5 个百分点；生态用水占 8.2％，比 2011 年增加 0.2 个百分点。

河南农业用水占总用水量的 56.8％，比 2011 年增加 2.4 个百分点；工业用水占 25.4％，比 2011 年增加 0.6 个百分点；生活用水占 13.4％，比 2011 年减少 2.9 个百分点；生态用水占 4.4％，比 2011 年减少 0.1 个百分点。

山东农业用水占总用水量的 69.5%，比 2011 年增加 3.1个百分点；工业用水占 12.7%，比 2011 年减少 0.6 个百分点；生活用水占 14.8%，比 2011 年减少 2.3 个百分点；生态用水占 3.0%，比 2011 年减少 0.2 个百分点。

辽宁农业用水占总用水量的 64.3%，比 2011 年增加 2.3个百分点；工业用水占 16.2%，比 2011 年减少 0.4 个百分点；生活用水占 16.5 %，比 2011 年减少 1.5 个百分点；生态用水占 3.1%，比 2011 年减少 0.3 个百分点。

吉林农业用水占总用水量的 65.3 %，比 2011 年增加 3.1个百分点；工业用水占 20.9%，比 2011 年增加 0.6 个百分点；生活用水占 9.2%，比 2011 年减少 2.3 个百分点；生态用水占 4.6%，比 2011 年减少 1.4 个百分点。

黑龙江省农业用水占总用水量的 82.2%，比 2011 年增加4.9 个百分点；工业用水占 11.6%，比 2011 年减少 3.5 个百分点；生活用水占 4.5%，比 2011 年减少 1.5 个百分点；生态用水占 1.7%，比 2011 年增加 0.1 个百分点。

江苏农业用水占总用水量的 55.3%，与 2011 年持平；工业用水占 35.0%，比 2011 年增加 0.3 个百分点；生活用水占9.1%，比 2011 年减少 0.3 个百分点；生态用水占 0.6%，比2011 年持平。

安徽农业用水占总用水量的 54.2%，比 2011 年减少 2.9个百分点；工业用水占 33.7%，比 2011 年增加 3.0 个百分点；生活用水占 10.8%，与 2011 年持平；生态用水占 1.3%，与 2011 年持平。

江西农业用水占总用水量的 64.2%，比 2011 年减少 1.1个百分点；工业用水占 24.2%，比 2011 年增加 1.2 个百分点；生活用水占 10.8%，与 2011 年持平；生态用水占 0.9%，比 2011 年增加 0.1 个百分点。

湖北农业用水占总用水量的 54.7%，比 2011 年增加 6.8

个百分点；工业用水占 33.3%，比 2011 年减少 7.3 个百分点；生活用水占 11.9%，比 2011 年增加 0.5 个百分点；生态用水占 0.1%，与 2011 年持平。

湖南农业用水占总用水量的 57.3%，比 2011 年增加 1.3 个百分点；工业用水占 28.7%，比 2011 年减少 0.5 个百分点；生活用水占 13.2%，比 2011 年减少 0.7 个百分点；生态用水占 0.8%，与 2011 年持平。

四川农业用水占总用水量的 59.3%，比 2011 年增加 4.3 个百分点；工业用水占 22.2%，比 2011 年减少 5.4 个百分点；生活用水占 17.4%，比 2011 年增加 1.0 个百分点；生态用水占 1.0%，比 2011 年增加 0.1 个百分点。

二、灌　　溉

（一）有效灌溉和有效实灌面积

总灌溉面积是指一个地区当年农、林、牧等灌溉面积的总和。总灌溉面积等于耕地有效灌溉面积、林地灌溉面积、果园灌溉面积、牧草灌溉面积、其他灌溉面积的总和。

农田有效灌溉面积是指灌溉工程或设备已基本配套，有一定水源，土地比较平整，在一般年景可以进行正常灌溉的农田或者耕地面积。

农田有效实灌面积是指利用灌溉工程和设施，在有效灌溉面积中当年实际已经正常灌溉（灌水一次以上）的耕地面积。在同一单位面积耕地上，报告期内无论灌水几次，都应按一单位面积计算，而不应按灌溉单位面积次计算。凡是肩挑、人抬、马拉抗旱点种的面积，一律不算实灌面积。有效实灌面积不大于有效灌溉面积。

2012 年全国灌溉面积 67 782.8 千公顷，比 2011 年增加 39.9 千公顷，增幅 0.1％；农田有效灌溉面积 62 490.8 千公顷，比 2011 年增加 809.2 千公顷，增幅 1.3％（表 2-1）。

表 2-1　2012 年全国和分区灌溉面积、农田有效灌溉面积

区域	2012 年灌溉面积（千公顷）	比 2011 年变化量（千公顷）	比 2011 年变化率（％）	2012 年农田有效灌溉面积（千公顷）	比 2011 年变化量（千公顷）	比 2011 年变化率（％）
全国	67 782.8	39.9	0.1	62 490.8	809.2	1.3
华北	20 022.9	−1 698.4	−7.8	18 439.4	−1 234.1	−6.3
东北	7 992.3	60.8	0.8	7 815.8	87.3	1.1
东南	21 969.8	71.8	0.3	20 725.3	1 529.4	8.0
西南	8 046.3	−207.3	−2.5	7 599.4	−304.2	−3.8
西北	9 751.5	399.0	4.3	7 910.9	730.9	10.2

华北灌溉面积 20 022.9 千公顷，比 2011 年减少 1 698.4 千公顷，减幅 7.8％；农田有效灌溉面积 18 439.4 千公顷，比 2011 年减少 1 234.1 千公顷，减幅 6.3％。

东北总灌溉面积 7 992.3 千公顷，比 2011 年增加 60.8 千公顷，增幅 0.8％；农田有效灌溉面积 7 815.8 千公顷，比 2011 年增加 87.3 千公顷，增幅 1.1％。

东南总灌溉面积 21 969.8 千公顷，比 2011 年增加 71.8 千公顷，增幅 0.3％；农田有效灌溉面积 20 725.3 千公顷，增加 1 529.4 千公顷，增幅 8.0 ％。

西南总灌溉面积 8 046.3 千公顷，比 2011 年减少 207.3 千公顷，减幅 2.5％；农田有效实灌面积 7 599.4 千公顷，比 2011 年减少 304.2 千公顷，减幅 3.8％。

西北总灌溉面积 9 751.5 千公顷，比 2011 年增加 399.0 千公顷，增幅 4.3％；农田有效灌溉面积 7 910.9 千公顷，比 2011 年增加 730.9 千公顷，增幅 10.2 ％。

2012 年河北总灌溉面积 4 497.3 千公顷，比 2011 年减少 513.7 千公顷，减幅 10.3%；农田有效灌溉面积 4 165.0 千公顷，减少 431.6 千公顷，减幅 9.4%（表 2 - 2）。

表 2 - 2　2012 年粮食主产省灌溉面积、农田有效灌溉面积

区域	2012 年灌溉面积（千公顷）	比 2011 年变化量（千公顷）	比 2011 年变化率（%）	2012 年农田有效灌溉面积（千公顷）	比 2011 年变化量（千公顷）	比 2011 年变化率（%）
河北	4 497.3	−513.7	−10.3	4 165.0	−431.6	−9.4
内蒙古	3 457.7	−386.0	−10.0	2 929.7	−142.7	−4.6
河南	5 027.0	−218.7	−4.2	4 922.7	−227.7	−4.4
山东	5 129.9	−434.4	−7.8	4 657.9	−329.0	−6.6
辽宁	1 407.0	−351.0	−20.0	1 293.7	−294.7	−18.6
吉林	1 499.3	−332.4	−18.1	1 451.9	−355.6	−19.7
黑龙江	5 086.0	744.3	17.1	5 070.2	737.6	17.0
江苏	3 918.6	−142.0	−3.5	3 704.2	−113.7	−3.0
安徽	4 343.9	762.0	21.3	4 264.5	716.9	20.2
江西	2 082.7	146.5	7.6	2 008.8	141.1	7.6
湖北	3 053.4	438.1	16.8	2 880.0	424.3	17.3
湖南	3 168.1	318.3	11.2	3 070.9	308.5	11.2
四川	2 800.0	133.3	5.0	2 635.0	34.3	1.3
13 省份总计	45 470.9	164.3	0.4	43 054.5	467.5	1.1

内蒙古总灌溉面积 3 457.7 千公顷，比 2011 年减少 386.0 千公顷，减幅 10.0%；农田有效灌溉面积 2 929.7 千公顷，比 2011 年减少 142.7 千公顷，减幅 4.6%。

河南总灌溉面积 5 027.0 千公顷，比 2011 年减少 218.7 千公顷，减幅 4.2%；农田有效实灌面积 4 922.7 千公顷，比 2011 年减少 227.7 千公顷，减幅 4.4%。

山东总灌溉面积 5 129.9 千公顷，减少 434.4 千公顷，减幅 7.8%；农田有效灌溉面积 4 657.9 千公顷，比 2011 年减少 329.0 千公顷，减幅 6.6%。

辽宁总灌溉面积 1 407.0 千公顷，比 2011 年减少 351.0 千公顷，减幅 20.0%；农田有效灌溉面积 1 293.7 千公顷，比 2011 年减少 294.7 千公顷，减幅 18.6%。

吉林总灌溉面积 1 499.3 千公顷，比 2011 年减少 332.4 千公顷，减幅 18.1%；农田有效灌溉面积 1 451.9 千公顷，比 2011 年减少 355.6 千公顷，减幅 19.7%。

黑龙江总灌溉面积 5 086.0 千公顷，增加了 744.3 千公顷，增幅 17.1 %；农田有效灌溉面积 5 070.2 千公顷，比 2011 年增加了 737.6 千公顷，增幅 17.0 %。

江苏总灌溉面积 3 918.6 千公顷，比 2011 年减少 142.0 千公顷，减幅 3.5%；农田有效灌溉面积 3 704.2 千公顷，比 2011 年减少 113.7 千公顷，减幅 3.0%。

安徽总灌溉面积 4 343.9 千公顷，比 2011 年增加 762.0 千公顷，增幅 21.3%；农田有效灌溉面积 4 264.5 千公顷，比 2011 年增加 716.9 千公顷，增幅 20.2%。

江西总灌溉面积 2 082.7 千公顷，比 2011 年增加 146.5 千公顷，增幅 7.6%；农田有效灌溉面积 2 008.8 千公顷，比 2011 年增加 141.1 千公顷，增幅 7.6%。

湖北总灌溉面积 3 053.4 千公顷，比 2011 年增加 438.1 千公顷，增幅 16.8%；农田有效灌溉面积 2 880.0 千公顷，比 2011 年增加 424.3 千公顷，增幅 17.3%。

湖南总灌溉面积 3 168.1 千公顷，比 2011 年增加 318.3 千公顷，增幅 11.2%；农田有效灌溉面积 3 070.9 千公顷，比 2011 年增加 308.5 千公顷，增幅 11.2%。

四川总灌溉面积 2 800.0 千公顷，比 2011 年增加 133.3 公顷，增幅 5.0%；农田有效灌溉面积 2 635.0 千公顷，比

2011 年增加 34.3 千公顷，增幅 1.3%。

总体上，2012 年 13 个粮食主产省总灌溉面积 45 470.9 千公顷，比 2011 年增加 164.3 千公顷，增幅 0.4%；农田有效灌溉面积 43 054.5 千公顷，比 2011 年增加 467.5 千公顷，增幅 1.1%。

（二）万亩以上灌区控制有效灌溉面积

2012 年全国万亩以上灌区控制有效灌溉面积 30 192.00 千公顷，比 2011 年增加 444.00 千公顷，增幅 1.49%（表 2-3）。其中华北万亩以上灌区控制有效灌溉面积 8 789.00 千公顷，比 2011 年增加 229.00 千公顷，增幅 2.68%。东北 1 719.00 千公顷，比 2011 年增加 118.00 千公顷，增幅 7.37%。东南 10 589.00 千公顷，比 2011 年增加 779.00 千公顷，增幅 7.94%。西南 2 799.00 千公顷，比 2011 年减少 409.00 千公顷，减幅 12.75%。西北 6 296.00 千公顷，减少 273.00 千公顷，减幅 4.16%。

表 2-3　2012 年全国和分区万亩以上灌区控制有效灌溉面积

区域	2012 年万亩以上灌区控制有效灌溉面积（千公顷）	比 2011 年变化量（千公顷）	比 2011 年变化率（%）
全国	30 192.00	444.00	1.49
华北	8 789.00	229.00	2.68
东北	1 719.00	118.00	7.37
东南	10 589.00	779.00	7.94
西南	2 799.00	−409.00	−12.75
西北	6 296.00	−273.00	−4.16

2012 年粮食主产省万亩以上灌区控制有效灌溉面积变化情况见表 2-4。其中，河北万亩以上灌区控制有效灌溉面积 1 240.00 千公顷，比 2011 年减少 7.00 千公顷，减幅 0.56%。

内蒙古 1 366.00 千公顷，比 2011 年增加 49.00 千公顷，增幅 3.72%。河南 2 390.00 千公顷，比 2011 年增加 588.00 千公顷，增幅 32.63%。山东 2 745.00 千公顷，比 2011 年减少 264.00 千公顷，减幅 8.77%。辽宁 465.00 千公顷，比 2011 年减少 38.00 千公顷，减幅 7.55%。吉林 372.00 千公顷，比 2011 年减少 17.00 千公顷，减幅 4.37%。黑龙江 882.00 千公顷，比 2011 年增加 173.00 千公顷，增幅 24.40%。

表 2 - 4 2012 年粮食主产省万亩以上灌区控制有效灌溉面积

区域	2012 年万亩以上灌区控制有效灌溉面积（千公顷）	比 2011 年变化量（千公顷）	比 2011 年变化率（%）
河北	1 240.00	-7.00	-0.56
内蒙古	1 366.00	49.00	3.72
河南	2 390.00	588.00	32.63
山东	2 745.00	-264.00	-8.77
辽宁	465.00	-38.00	-7.55
吉林	372.00	-17.00	-4.37
黑龙江	882.00	173.00	24.40
江苏	2 149.00	430.00	25.01
安徽	2 083.00	211.00	11.27
江西	762.00	32.00	4.38
湖北	2 337.00	206.00	9.67
湖南	1 529.00	394.00	34.71
四川	1 181.00	-315.00	-21.06
13 省份总计	19 501.00	1 442.00	7.98

2012 年江苏万亩以上灌区控制有效灌溉面积 2 149.00 千公顷，比 2011 年增加 430.00 千公顷，增幅 25.01%。安徽 2 083.00 千公顷，比 2011 年增加 211.00 千公顷，增幅 11.27%。江西 762.00 千公顷，比 2011 年增加 32.00 千公顷，

增幅 4.38％。湖北 2 337.00 千公顷，比 2011 年增加 206.00
千公顷，增幅 9.67％。湖南 1 529.00 千公顷，比 2011 年增加
394.00 千公顷，增幅 34.71％。四川 1 181.00 千公顷，比 2011
年减少 315.00 千公顷，减幅 21.06％。总体上，13 个粮食主产
省万亩以上灌区控制有效灌溉面积 19 501.00 千公顷，比 2011
年增加 1 442.00 千公顷，增幅 7.98％。

（三）机电排灌和机电提灌面积

2012 年全国机电排灌面积 42 491.42 千公顷，比 2011 年
增加 1 026.71 千公顷，增幅 2.48 ％。2012 年机电提灌面积
38 151.55 千公顷，比 2011 年增加 1 072.23 千公顷，增幅
2.89％（表 2 - 5）。

表 2 - 5   2012 年全国和分区机电排灌、机电提灌面积

区域	2012 年机电排灌面积（千公顷）	比 2011 年变化量（千公顷）	比 2011 年变化率（％）	2012 年机电提灌面积（千公顷）	比 2011 年变化量（千公顷）	比 2011 年变化率（％）
全国	42 491.42	1 026.71	2.48	38 151.55	1 072.23	2.89
华北	17 968.69	127.38	0.71	16 875.00	124.07	0.74
东北	7 971.89	556.60	7.51	6 746.15	570.95	9.25
东南	11 822.50	178.78	1.54	9 881.20	217.36	2.25
西南	1 023.53	13.55	1.34	964.86	9.21	0.96
西北	3 704.81	150.41	4.23	3 684.34	150.64	4.26

华北机电排灌面积 17 968.69 千公顷，比 2011 年增加
127.38 千公顷，增幅 0.71 ％。机电提灌面积 16 875.00 千公
顷，比 2011 年增加 124.07 千公顷，增幅 0.74％。

东北机电排灌面积 7 971.89 千公顷，比 2011 年增加
556.60 千公顷，增幅 7.51％。机电提灌面积 6 746.15 千公
顷，比 2011 年增加 570.95 千公顷，增幅 9.25％。

东南机电排灌面积 11 822.50 千公顷，比 2011 年增加

178.78 千公顷，增幅 1.54％。机电提灌面积 9 881.20 千公顷，比 2011 年增加 217.36 千公顷，增幅 2.25％。

西南机电排灌面积 1 023.53 千公顷，比 2011 年增加 13.55 千公顷，增幅 1.34％。机电提灌面积 964.86 千公顷，比 2011 年增加 9.21 千公顷，增幅 0.96％。

西北机电排灌面积 3 704.81 千公顷，比 2011 年增加 150.41 千公顷，增幅 4.23％。机电提灌面积 3 684.34 千公顷，比 2011 年增加 150.64 千公顷，增幅 4.26％。

2012 年河北机电排灌面积 4 506.52 千公顷，比 2011 年增加 3.97 千公顷，增幅 0.09％。机电提灌面积 4 314.58 千公顷，比 2011 年增加 1.29 千公顷，增幅 0.03％（表 2 - 6）。

表 2 - 6　2012 年粮食主产省机电排灌、机电提灌面积

区域	2012 年机电排灌面积（千公顷）	比 2011 年变化量（千公顷）	比 2011 年变化率（％）	2012 年机电提灌面积（千公顷）	比 2011 年变化量（千公顷）	比 2011 年变化率（％）
河北	4 506.52	3.97	0.09	4 314.58	1.29	0.03
内蒙古	3 153.59	56.46	1.82	2 356.48	56.46	2.45
河南	4 071.16	−7.84	−0.19	4 059.72	−7.56	−0.19
山东	4 623.73	65.59	1.44	4 579.64	65.70	1.46
辽宁	1 481.07	93.44	6.73	1 209.12	112.09	10.22
吉林	1 639.04	41.45	2.59	1 433.77	41.45	2.98
黑龙江	4 851.78	421.71	9.52	4 103.26	417.41	11.32
江苏	3 541.39	150.91	4.45	3 157.72	163.68	5.47
安徽	3 071.60	36.19	1.19	2 553.85	28.29	1.12
江西	577.98	4.73	4.73	410.24	0.83	1.17
湖北	1 394.73	−7.82	−0.56	1 130.67	18.93	1.70
湖南	1 146.49	−41.30	−3.48	983.52	−34.11	−3.35
四川	287.48	4.14	1.46	254.59	4.16	1.66
13 省份总计	34 346.56	821.63	2.45	30 547.16	872.52	2.94

内蒙古机电排灌面积 3 153.59 千公顷，比 2011 年增加 56.46 千公顷，增幅 1.82%。机电提灌面积 2 356.48 千公顷，比 2011 年增加 56.46 千公顷，增幅 2.45%。

河南机电排灌面积 4 071.16 千公顷，比 2011 年减少 7.84 千公顷，减幅 0.19%。机电提灌面积 4 059.72 千公顷，比 2011 年减少 7.56 千公顷，减幅 0.19%。

山东机电排灌面积 4 623.73 千公顷，比 2011 年增加 65.59 千公顷，增幅 1.44%。机电提灌面积 4 579.64 千公顷，比 2011 年增加 65.70 千公顷，增幅 1.46%。

辽宁机电排灌面积 1 481.07 千公顷，比 2011 年增加 93.44 千公顷，增幅 6.73%。机电提灌面积 1 209.12 千公顷，比 2011 年增加 112.09 千公顷，增幅 10.22%。

吉林机电排灌面积 639.04 千公顷，比 2011 年增加 41.45 千公顷，增幅 2.59%。机电提灌面积 1 433.77 千公顷，比 2011 年增加 41.45 千公顷，增幅 2.98%。

江苏机电排灌面积 3 541.39 千公顷，比 2011 年增加 150.91 千公顷，增幅 4.45%。机电提灌面积 3 157.72 千公顷，比 2011 年增加 163.68 千公顷，增幅 5.47%。

安徽机电排灌面积 3 071.60 千公顷，比 2011 年增加 36.19 千公顷，增幅 1.19%。机电提灌面积 2 553.85 千公顷，比 2011 年增加 28.29 千公顷，增幅 1.12%。

江西机电排灌面积 577.98 千公顷，比 2011 年增加 4.73 千公顷，增幅 4.73%。机电提灌面积 410.24 千公顷，比 2011 年增加 0.83 千公顷，增幅 1.17%。

湖北机电排灌面积 1 394.73 千公顷，比 2011 年减少 7.82 千公顷，减幅 0.56%。机电提灌面积 1 130.67 千公顷，比 2011 年增加 18.93 千公顷，增幅 1.70%。

湖南机电排灌面积 1 146.49 千公顷，比 2011 年减少 41.30 千公顷，减幅 3.48%。机电提灌面积 983.52 千公顷，比2011年减少34.11千公顷,减幅3.35%。

四川机电排灌面积287.48千公顷,比2011年增加4.14千公顷,增幅1.46%。机电提灌面积254.59千公顷,比2011年增加4.16千公顷,增幅1.66%。

总体上,2012年13个粮食主产省机电排灌面积34 346.56千公顷,比2011年增加821.63千公顷,增幅2.45%。机电提灌面积30 547.16千公顷,比2011年增加872.52千公顷,增幅2.94%。

(四)灌溉面积与耕地匹配

灌溉面积与耕地匹配可以分为灌溉总面积与耕地匹配和有效灌溉面积与耕地匹配。

2012年全国灌溉面积占耕地面积55.69%,比2011年增加0.03个百分点。有效灌溉面积占耕地面积51.34%,比2011年增加0.66个百分点(表2-7)。

表2-7 2012年全国和分区灌溉面积占耕地面积比例

区域	灌溉面积占耕地比例(%)	比2011年变化量(百分点)	有效灌溉面积占耕地比例(%)	比2011年变化量(百分点)
全国	55.69	0.03	51.34	0.66
华北	59.53	−5.05	54.82	−3.67
东北	37.26	0.28	36.44	0.41
东南	76.21	5.16	71.89	5.31
西南	34.50	−0.89	32.59	−1.30
西北	67.33	2.76	54.62	5.05

华北灌溉面积占耕地面积59.53%,比2011年减少5.05个百分点。有效灌溉面积占54.82%,比2011年减少3.67个百分点。

东北灌溉面积占耕地面积37.26%,比2011年增加0.28

个百分点；有效灌溉面积占 36.44 ％，比 2011 年增加 0.41 个百分点。

东南灌溉面积占耕地面积 76.21％，比 2011 年增加 5.16 个百分点；有效灌溉面积占 71.89％，比 2011 年增加 5.31 个百分点。

西南灌溉面积占耕地面积 34.50％，比 2011 年减少 0.89 个百分点；有效灌溉面积占 32.59％，比 2011 年减少 1.30 个百分点。

西北灌溉面积占耕地面积 67.33％，比 2011 年增加 2.76 个百分点；有效灌溉面积占 54.62 ％，比 2011 年增加 5.05 个百分点。

2012 年 13 个粮食主产省灌溉面积占耕地 58.24％，有效灌溉面积占 55.14％（表 2 - 8）。

表 2 - 8 2012 年粮食主产省灌溉面积占耕地面积比例

区域	灌溉总面积占耕地比例（％）	有效灌溉面积占耕地比例（％）
河北	71.19	65.93
内蒙古	48.38	40.99
河南	63.42	62.11
山东	68.26	61.98
辽宁	34.44	31.67
吉林	27.09	26.23
黑龙江	42.99	42.86
江苏	82.26	77.76
安徽	75.81	74.42
江西	73.67	71.06
湖北	65.47	61.75
湖南	83.60	81.04
四川	47.08	44.31
13 省份总计	58.24	55.14

（五）节水灌溉面积

2012年全国节水灌溉面积31 216.72千公顷，比2011年增加2 037.25千公顷，增幅6.98%。2012年全国节水灌溉面积占总灌溉面积46.05%（表2-9）。

表2-9 2012年全国和分区节水灌溉面积

区域	2012年节水灌溉面积（千公顷）	比2011年变化量（千公顷）	比2011年变化率（%）	节水灌溉面积占灌溉总面积（%）
全国	31 216.72	2 037.25	6.98	46.05
华北	11 277.62	502.06	4.66	56.32
东北	4 456.14	560.22	14.38	55.76
东南	6 234.56	453.40	7.84	28.38
西南	3 461.08	216.20	6.66	43.01
西北	5 787.32	306.38	5.59	59.35

华北节水灌溉面积11 277.62千公顷，比2011年增加502.06千公顷，增幅4.66%。节水灌溉面积占总灌溉面积56.32%。东北节水灌溉面积4 456.14千公顷，比2011年增加560.22千公顷，增幅14.38%，占总灌溉面积55.76%。东南节水灌溉面积6 234.56千公顷，比2011年增加453.40千公顷，增幅7.84%，占总灌溉面积28.38%。西南节水灌溉面积3 461.08千公顷，比2011年增加216.20千公顷，增幅6.66%，占总灌溉面积的43.01%。西北节水灌溉面积5 787.32千公顷，比2011年增加306.38千公顷，增幅5.59%，占总灌溉面积的59.35%。

2012年河北节水灌溉面积2971.81千公顷，比2011年增加142.01千公顷，增幅5.02%，节水灌溉面积占总灌溉面积66.08%（表2-10）。内蒙古节水灌溉面积2 690.00千公顷，比2011年增加176.47千公顷，增幅7.02%，占总灌溉面积

77.80％。河南节水灌溉面积 1 703.67 千公顷，比 2011 年增加 88.41 千公顷，增幅 5.47％，占总灌溉面积 33.89％。山东节水灌溉面积 2 559.62 千公顷，比 2011 年增加 163.95 千公顷，增幅 6.84％，占总灌溉面积的 49.90％。辽宁节水灌溉面积 740.16 千公顷，比 2011 年增加 152.06 千公顷，增幅 25.86％，占总灌溉面积 52.61％。吉林节水灌溉面积 426.28 千公顷，比 2011 年增加 95.55 千公顷，增幅 28.89％，占总灌溉面积 28.43％。黑龙江节水灌溉面积 3 289.70 千公顷，比 2011 年增加 312.61 千公顷，增幅 10.50％，节水灌溉面积占总灌溉面积 64.68％。

表 2 - 10　　2012 年粮食主产省节水灌溉面积

区域	2012 年节水灌溉面积（千公顷）	比 2011 年变化量（千公顷）	比 2011 年变化率（％）	节水灌溉面积占灌溉总面积（％）
河北	2 971.81	142.01	5.02	66.08
内蒙古	2 690.00	176.47	7.02	77.80
河南	1 703.67	88.41	5.47	33.89
山东	2 559.62	163.95	6.84	49.90
辽宁	740.16	152.06	25.86	52.61
吉林	426.28	95.55	28.89	28.43
黑龙江	3 289.70	312.61	10.50	64.68
江苏	1 923.37	190.04	10.96	49.08
安徽	882.91	40.22	4.77	20.33
江西	401.96	62.20	18.31	19.30
湖北	495.49	54.63	12.39	16.23
湖南	356.26	21.60	6.45	11.25
四川	1 416.11	98.96	7.51	50.58
13 省份总计	19 857.34	1 598.71	8.76	43.67

江苏节水灌溉面积1 923.37千公顷，比2011年增加190.04千公顷，增幅10.96%，节水灌溉面积占总灌溉面积49.08%。安徽节水灌溉面积882.91千公顷，比2011年增加40.22千公顷，增幅4.77%，占总灌溉面积20.33%。江西节水灌溉面积401.96千公顷，比2011年增加62.20千公顷，增幅18.31%，占总灌溉面积的19.30%。湖北节水灌溉面积495.49千公顷，比2011年增加54.63千公顷，增幅12.39%，占总灌溉面积16.23%。湖南节水灌溉面积356.26千公顷，比2011年增加21.60千公顷，增幅6.45%，占总灌溉面积11.25%。四川节水灌溉面积1 416.11千公顷，比2011年增加98.96千公顷，增幅7.51%，占总灌溉面积的50.58%。

总体上，粮食主产省节水灌溉面积19 857.34千公顷，比2011年增加1 598.71千公顷，增幅8.76%，节水灌溉面积占总灌溉面积43.67%。

三、农业用水与粮食生产

（一）粮食播种面积与粮食生产

2012年全国四大粮食作物（水稻、小麦、玉米、大豆）播种面积96 608.4千公顷，比2011年增加850.9千公顷，增幅0.9%。粮食产量54 393.0万吨，比2011年增加1 826.2万吨，增幅3.5%（表3-1）。

华北粮食播种面积29 351.5千公顷，比2011年增加315.4千公顷，增幅1.1%。粮食总产16 496.5万吨，比2011年增加471.2万吨，增幅2.9%。

东北粮食播种面积18 341.8千公顷，比2011年增加

254.6 千公顷,增幅 1.4%。粮食总产 10 709.8 万吨,比 2011 年增加 381.0 万吨,增幅 3.7%。

表 3-1　2012 年全国和分区粮食播种面积和粮食产量

区域	2012 年粮食播种面积(千公顷)	比 2011 年变化量(千公顷)	比 2011 年变化率(%)	2012 年粮食产量(万吨)	比 2011 年变化量(万吨)	比 2011 年变化率(%)
全国	96 608.4	850.9	0.9	54 393.0	1 826.2	3.5
华北	29 351.5	315.4	1.1	16 496.5	471.2	2.9
东北	18 341.8	254.6	1.4	10 709.8	381.0	3.7
东南	27 853.5	166.8	0.6	16 392.0	391.0	2.4
西南	13 944.3	-2.9	0.0	7 239.3	342.3	5.0
西北	7 117.3	117.0	1.7	3 555.4	240.7	7.3

东南粮食播种面积 27 853.5 千公顷,比 2011 年增加 166.8 千公顷,增幅 0.6%。粮食总产 16 392.0 万吨,比 2011 年增加 391.0 万吨,增幅 2.4%。

西南粮食播种面积 13 944.3 千公顷,比 2011 年减少 2.9 千公顷,基本持平。粮食总产 7 239.3 万吨,比 2011 年增加 342.3 万吨,增幅 5.0%。

西北粮食播种面积 7 117.3 千公顷,比 2011 年增加 117.0 千公顷,增幅 1.7%。粮食总产 3 555.4 万吨,比 2011 年增产 240.7 万吨,增幅 7.3%。

2012 年河北粮食播种面积 5 672.6 千公顷,比 2011 年增加 21.6 千公顷,增幅 0.4%。粮食总产 3 062.9 万吨,比 2011 年增产 57.5 万吨,增幅 1.9%(表 3-2)。

内蒙古粮食播种面积 4 149.3 千公顷,比 2011 年增加 134.2 千公顷,增幅 3.3%。粮食总产 2 168.1 万吨,增产 150.0 万吨,增幅 7.4%。

河南粮食播种面积 9 548.7 千公顷,比 2011 年增加 116.7 千公顷,增幅 1.2%。粮食总产 5 495.9 万吨,增产 113.9 万吨，增幅 2.1%。

表 3 - 2　2012 年粮食主产省粮食播种面积和产量

区域	2012 年播种面积（千公顷）	比 2011 年变化量（千公顷）	比 2011 年变化率（%）	2012 年粮食产量（万吨）	比 2011 年变化量（万吨）	比 2011 年变化率（%）
河北	5 672.6	21.6	0.4	3 062.9	57.5	1.9
内蒙古	4 149.3	134.2	3.3	2 168.1	150.0	7.4
河南	9 548.7	116.7	1.2	5 495.9	113.9	2.1
山东	6 914.3	44.2	0.6	4 314.8	87.6	2.1
辽宁	2 991.1	69.8	2.4	1 965.7	62.5	3.3
吉林	4 216.4	83.0	2.0	3 151.6	109.0	3.6
黑龙江	11 134.3	101.8	0.9	5 592.5	209.5	3.9
江苏	5 016.2	21.2	0.4	3 234.4	63.2	2.0
安徽	6 329.8	11.3	0.2	3 228.0	155.1	5.0
江西	3 467.3	17.8	0.5	2 012.4	28.9	1.5
湖北	3 772.0	70.9	1.9	2 325.4	63.6	2.8
湖南	4 562.9	36.8	0.8	2 859.0	61.4	2.2
四川	4 826.1	−29.2	−0.6	2 726.3	13.6	0.5
13 省份总计	72 601.0	700.1	1.0	42 137.0	1 175.8	2.9

　　山东粮食播种面积 6 914.3 千公顷，比 2011 年增加 44.2 千公顷，增幅 0.6%。粮食总产 4 314.8 万吨，增产 87.6 万吨，增幅 2.1%。

　　辽宁粮食播种面积 2 991.1 千公顷，比 2011 年增加 69.8 千公顷，增幅 2.4%。粮食总产 1 965.7 万吨，增产 62.5 万吨，增产 3.3%。

　　吉林粮食播种面积 4 216.4 千公顷，比 2011 年增加 83.0 千公顷，增幅 2.0%。粮食总产 3 151.6 万吨，增产 109.0 万吨，增幅 3.6%。

黑龙江粮食播种面积 11 134.3 千公顷，比 2011 年增加 101.8 千公顷，增幅 0.9%。粮食总产 5 592.5 万吨，增产 209.5 万吨，增幅 3.9%。

江苏粮食播种面积 5 016.2 千公顷，比 2011 年增加 21.2 千公顷，增幅 0.4%。粮食总产 3 234.4 万吨，增产 63.2 万吨，增幅 2.0%。

安徽粮食播种面积 6 329.8 千公顷，比 2011 年增加 11.3 千公顷，总产 0.2%。粮食总产 3 228.0 万吨，增产 155.1 万吨，增幅 5.0%。

江西粮食播种面积 3 467.3 千公顷，比 2011 年增加 17.8 千公顷，增幅 0.5%。粮食总产 2 012.4 万吨，增产 28.9 万吨，增幅 1.5%。

湖北粮食播种面积 3 772.0 千公顷，比 2011 年增加 70.9 千公顷，增产 1.9%。粮食总产 2 325.4 万吨，增产 63.6 万吨，增幅 2.8%。

湖南粮食播种面积 4 562.9 千公顷，比 2011 年增加 36.8 千公顷，增幅 0.8%。粮食总产 2 859.0 万吨，增产 61.4 万吨，增幅 2.2%。

四川粮食播种面积 4 826.1 千公顷，比 2011 年减少 29.2 千公顷，减幅 0.6%。粮食总产 2 726.3 万吨，增加 13.6 万吨，增幅 0.5%。

总体上，2012 年 13 个粮食主产省粮食播种面积 72 601.0 千公顷，比 2011 年增加 700.1 千公顷，增幅 1.0%。粮食总产 42 137.0 万吨，增产 1 175.8 万吨，增幅 2.9%。

2012 年全国四大粮食作物中，水稻播种面积占 31.2%，小麦占 25.1%，玉米占 36.3%，大豆占 7.4%。与 2011 年相比，水稻减少 0.2 个百分点，小麦减少 0.2 个百分点，玉米增加 1.2 个百分点，大豆减少 0.8 个百分点（表 3 - 3）。

华北水稻占 3.3%，小麦占 43.7%，玉米占 47.6%，大豆占 5.3％。与 2011 年相比，水稻比例没有变化，小麦减少 0.2 个百分点，玉米增加 0.5 个百分点，大豆减少 0.3 个百分点。

表 3 - 3 2012 年全国和分区粮食种植结构

区域	水稻比例（％）	小麦比例（％）	玉米比例（％）	大豆比例（％）
全国	31.2	25.1	36.3	7.42
华北	3.3	43.7	47.6	5.3
东北	24.2	1.2	58.2	16.4
东南	64.4	20.8	9.0	5.7
西南	46.7	15.1	33.4	4.9
西北	4.0	46.6	44.9	4.6

东北水稻占 24.2％，小麦占 1.2％，玉米占 58.2％，大豆占 16.4％。与 2011 年相比，水稻增加 0.4 个百分点，小麦减少 0.5 个百分点，玉米增加 3.7 个百分点，大豆减少 3.6 个百分点。

东南水稻占 64.4％，小麦占 20.8％，玉米占 9.0％，大豆占 5.7％。与 2011 年相比，水稻减少 0.6 个百分点，小麦增加 0.2 个百分点，玉米增加 0.3 个百分点，大豆比例没有变化。

西南水稻占 46.7％，小麦占 15.1％，玉米占 33.4％，大豆占 4.9％。与 2011 年相比，水稻减少 0.1 个百分点，小麦减少 0.2 个百分点，玉米增加 0.4 个百分点，大豆减少 0.1 个百分点。

西北水稻占 4.0％，小麦占 46.6％，玉米占 44.9％，大豆占 4.6％。与 2011 年相比，水稻比例没有变化，小麦减少 1.6 个百分点，玉米增加 2.1 个百分点，大豆减少 0.5 个百分点。

13 个主产省粮食种植结构见表 3 - 4。其中：

表 3-4 **2012 年粮食主产省粮食种植结构**

区域	水稻比例（%）	小麦比例（%）	玉米比例（%）	大豆比例（%）
河北	1.5	42.4	53.7	2.4
内蒙古	2.2	14.1	66.5	17.1
河南	6.8	56.4	32.1	4.7
山东	1.8	52.3	43.6	2.3
辽宁	22.6	0.2	73.1	4.1
吉林	16.7	0.1	75.8	7.4
黑龙江	26.7	2.7	41.6	29.0
江苏	45.0	42.3	8.3	4.4
安徽	35.3	37.7	13.0	14.0
江西	96.2	0.3	0.7	2.8
湖北	55.0	27.4	14.9	2.7
湖南	89.8	0.9	7.2	2.0
四川	41.4	25.9	28.1	4.6

河北水稻占 1.5%，小麦占 42.5%，玉米占 53.8%，大豆占 2.2%。与 2011 年相比，水稻比例没有变化，小麦增加 0.1 个百分点，玉米比例没有变化，大豆减少 0.2 个百分点。

内蒙古水稻占 2.2%，小麦占 14.7%，玉米占 68.3%，大豆占 14.9%。与 2011 年相比，水稻减少 0.1 个百分点，小麦增加 0.5 个百分点，玉米增加 1.8 个百分点，大豆减少 2.3 个百分点。

河南水稻占 6.8%，小麦占 55.9%，玉米占 32.5%，大豆占 4.8%。与 2011 年相比，水稻比例没有变化，小麦减少 0.5 个百分点，玉米增加 0.4 个百分点，大豆增加 0.1 个百分点。

山东水稻占 1.8%，小麦占 52.4%，玉米占 43.7%，大豆占 2.1%。与 2011 年相比，水稻比例没有变化，小麦增加

0.1 个百分点，玉米比例没有变化，大豆减少 0.2 个百分点。

辽宁水稻占 22.1%，小麦占 0.2%，玉米占 73.8%，大豆占 3.9%。与 2011 年相比，水稻减少 0.5 个百分点，小麦比例没有变化，玉米增加 0.7 个百分点，大豆减少 0.2 个百分点。

吉林水稻占 16.7%，小麦占 0.0%，玉米占 77.9%，大豆占 5.5%。与 2011 年相比，水稻减少 0.1 个百分点，小麦减少 0.1 个百分点，玉米增加 2.1 个百分点，大豆减少 1.9 个百分点。

黑龙江水稻占 27.6%，小麦占 1.9%，玉米占 46.6%，大豆占 23.9%。与 2011 年相比，水稻增加 0.9 个百分点，小麦减少 0.8 个百分点，玉米增加 5.0 个百分点，大豆减少 5.1 个百分点。

江苏水稻占 44.9%，小麦占 42.5%，玉米占 8.4%，大豆占 4.2%。与 2011 年相比，水稻减少 0.1 个百分点，小麦增加 0.2 个百分点，玉米增加 0.1 个百分点，大豆减少 0.2 个百分点。

安徽水稻占 35.0%，小麦占 38.2%，玉米占 13.0%，大豆占 13.9%。与 2011 年相比，水稻减少 0.3 个百分点，小麦增加 0.4 个百分点，玉米比例没有变化，大豆减少 0.2 个百分点。

江西水稻占 96.0%，小麦占 0.3%，玉米占 0.8%，大豆占 2.9%。与 2011 年相比，水稻减少 0.2 个百分点，小麦比例没有变化，玉米增加 0.1 个百分点，大豆增加 0.1 个百分点。

湖北水稻占 53.5%，小麦占 28.2%，玉米占 15.7%，大豆占 2.5%。与 2011 年相比，水稻减少 1.5 个百分点，小麦增加 0.9 个百分点，玉米增加 0.9 个百分点，大豆减少 0.2 个百分点。

湖南水稻占 89.7％，小麦占 0.8％，玉米占 7.5％，大豆占 2.0％。与 2011 年相比，水稻减少 0.1 个百分点，小麦减少 0.1 个百分点，玉米增加 0.3 个百分点，大豆减少 0.1 个百分点。

四川水稻占 41.4％，小麦占 25.6％，玉米占 28.4％，大豆占 4.6％。与 2011 年相比，水稻比例没有变化，小麦减少 0.4 个百分点，玉米增加 0.3 个百分点，大豆比例没有变化。

（二）粮食总产与粮食耗水量

2012 年全国粮食生产耗水量 5 281.5 亿米³，比 2011 年增加 93.8 亿米³，增幅 1.81％。而粮食总产则比 2011 年增加 3.47％（表 3-5）。

表 3-5　2012 年全国和分区粮食耗水量

区域	2012 年粮食耗水量（亿米³）	比 2011 年变化量（亿米³）	比 2011 年变化率（％）	粮食产量比 2011 年变化率（％）
全国	5 281.5	93.8	1.81	3.47
华北	1 138.3	21.4	1.92	2.94
东北	981.0	22.3	2.33	3.69
东南	1 593.1	1.5	0.10	2.44
西南	852.2	7.9	0.93	4.96
西北	716.9	40.6	6.01	7.26

华北粮食耗水量 1 138.3 亿米³，比 2011 年增加 21.4 亿米³，增幅 1.92％，粮食总产增加 2.94 ％。东北粮食耗水量 981.0 亿米³，比 2011 年增加 22.3 亿米³，增幅 2.33％，粮食总产增加 3.69％。东南粮食耗水量 1 593.1 亿米³，比 2011 年增加 1.5 亿米³，增幅 0.10％，粮食总产增幅 2.44％。西南粮食耗水量 852.2 亿米³，比 2011 年增加 7.9 亿米³，增幅

0.93%，粮食总产增幅4.9%。西北粮食耗水量716.9亿米³，比2011年增加40.6亿米³，增幅6.01%，而粮食总产增幅7.26%。

总体上，全国及各分区粮食耗水量普遍比2011年有所增长，但粮食增产幅度均大于耗水增长幅度。

河北粮食耗水量233.8亿米³，比2011年增加3.1亿米³，增幅1.35%，粮食总产增幅1.91%（表3-6）。内蒙古粮食耗水量23.4.8亿米³，比2011年增加3.8亿米³，增幅1.65%，粮食总产增幅7.43%。河南粮食耗水量271.7亿米³，比2011年增加10.6亿米³，增幅4.05%，粮食总产增幅2.12%。山东粮食耗水量166.1亿米³，比2011年增加22.2亿米³，增幅9.11%，粮食总产增幅2.072%。辽宁粮食耗水量150.1亿米³，比2011年增加2.0亿米³，增幅1.38%，粮食总产增加3.28%。吉林粮食耗水量221.5亿米³，比2011年增加2.2亿米³，增幅1.03%，粮食总产增加3.58%。黑龙江粮食耗水量609.5亿米³，比2011年增加18.0亿米³，增幅3.05%，粮食总产增幅3.89%。

表3-6 2012年粮食主产省粮食耗水量

区域	2012年粮食耗水量（亿米³）	比2011年变化量（亿米³）	比2011年变化率（%）	粮食产量比2011年变化率（%）
河北	233.8	3.1	1.35	1.91
内蒙古	234.8	3.8	1.65	7.43
河南	271.7	10.6	4.05	2.12
山东	266.1	22.2	9.11	2.07
辽宁	150.0	2.0	1.38	3.28
吉林	221.5	2.2	1.03	3.58
黑龙江	609.5	18.0	3.05	3.89
江苏	332.1	−0.3	−0.09	1.99

（续）

区域	2012 年粮食耗水量（亿米³）	比 2011 年变化量（亿米³）	比 2011 年变化率（％）	粮食产量比 2011 年变化率（％）
安徽	234.5	−7.3	−3.00	5.05
江西	181.0	−7.4	−3.93	1.46
湖北	208.6	14.6	7.53	2.81
湖南	210.5	−0.6	−0.26	2.19
四川	239.6	3.6	1.54	0.50
13 省份总计	3 328.9	19.6	0.6	5.6

江苏粮食耗水量 332.1 亿米³，比 2011 年减少 0.34 亿米³，减幅 0.09％，粮食总产增幅 1.99％。安徽粮食耗水量 234.5 亿米³，比 2011 年减少 7.3 亿米³，减幅 3.0％，而粮食总产增幅 5.05％。江西粮食耗水量 181.0 亿米³，比 2011 年减少 7.4 亿米³，减幅 3.93％，而粮食总产增幅 1.46 ％。湖北粮食耗水量 208.60 亿米³，比 2011 年增加 14.6 亿米³，增幅 7.53％，而粮食总产增幅 2.814％。湖南粮食耗水量 210.5 亿米³，比 2011 年减少 0.6 亿米³，减幅 0.26％，而粮食总产增幅 2.19％。四川粮食耗水量 239.5 亿米³，比 2011 年增加 3.6 亿米³，增幅 1.54％，而粮食总产增幅 0.5％。

总体上 2012 年粮食主产省粮食耗水量 3 328.9 亿米³，比 2011 年增加 19.6 亿米³，增幅 0.6％，粮食总产增幅 5.6％。

（三）主要粮食作物耗水量

2012 年，全国四大粮食作物（水稻、小麦、玉米、大豆）中，水稻总产 20 423.8 万吨，占四大粮食作物总产量的 37.5％，耗水量 2 288.8 亿米³，占总耗水量的 48.3％；小麦总产 12 102.5 万吨，占主要粮食作物总产量的 22.3％，小麦耗水量 1 164.3 亿米³，占总耗水量的 22.0％；玉米总产

20 561.6 万吨，占主要粮食作物总产的 37.8%，耗水量 1 353.4 亿米³，占总耗水量的 25.6%；大豆总产 1 305.1 万吨，占主要粮食作物总产的 2.4%，耗水量 213.0 亿米³，占总耗水量的 4.0%（表 3 - 7）。

表 3 - 7　2012 年全国四大粮食作物耗水量和产量比例

作物	水稻	小麦	玉米	大豆
耗水量（亿米³）	2 288.8	1 164.3	1 353.4	213.0
耗水比例（%）	48.3	22.0	25.6	4.0
产量（万吨）	20 423.8	12 102.5	20 561.6	1 305.1
产量比例（%）	22.3	22.3	37.8	2.4

四、农业用水效率

（一）粮食作物水分生产力

2012 年全国粮食水分生产力 1.030 千克/米³，比 2011 年增加 0.017 千克/米³，增幅 1.64%（表 4 - 1）。

表 4 - 1　2012 年全国和分区粮食水分生产力

区域	2012 年粮食水分生产力（千克/米³）	比 2011 年变化量（千克/米³）	比 2011 年变化率（%）
全国	1.030	0.017	1.64
华北	1.449	0.014	1.00
东北	1.092	0.014	1.33
东南	1.029	0.024	2.34
西南	0.849	0.033	3.99
西北	0.496	0.006	1.18

2012 年，华北粮食水分生产力 1.449 千克/米³，比 2011 年增加 0.014 千克/米³，增幅 1.00%。东北粮食水分生产力 1.092 千克/米³，比 2011 年增加 0.014 千克/米³，增幅 1.33%。东南粮食水分生产力 1.029 千克/米³，比 2011 年增加 0.024 千克/米³，增幅 2.34%。西南粮食水分生产力 0.849 千克/米³，比 2011 年增加 0.033 千克/米³，增幅 3.99%。西北粮食水分生产力 0.496 千克/米³，比 2011 年增加 0.006 千克/米³，增幅 1.18%。

特别值得注意的是：全国 5 个分区中有 3 个分区的水分生产力都超过了 1.000 千克/米³；其中东北和东南的水分生产力在继 2011 年各自突破 1.000 千克/米³ 的基础上，继续提高，对推动全国粮食水分生产力提高起到了重要作用。

粮食主产省中，河北粮食水分生产力 1.310 千克/米³，比 2011 年增加 0.007 千克/米³，增幅 0.55%（表 4 - 2）。内蒙古粮食水分生产力 0.924 千克/米³，比 2011 年增加 0.050 千克/米³，增幅 5.68%。河南粮食水分生产力 2.023 千克/米³，比 2011 年减少 0.038 千克/米³，减幅 1.86%。山东粮食水分生产力 1.621 千克/米³，比 2011 年减少 0.112 千克/米³，减幅 6.45%。辽宁粮食水分生产力 1.311 千克/米³，比 2011 年增加 0.0103 千克/米³，增幅 0.92%。吉林粮食水分生产力 1.423 千克/米³，比 2011 年增加 0.035 千克/米³，增幅 2.53%。黑龙江粮食水分生产力 0.917 千克/米³，比 2011 年增加 0.007 千克/米³，增幅 0.82%。

表 4 - 2   2012 年粮食主产省粮食水分生产力

区域	2012 年水分生产力（千克/米³）	比 2011 年变化量（千克/米³）	比 2011 年变化率（%）
河北	1.310	0.007	0.55
内蒙古	0.924	0.050	5.68

（续）

区域	2012 年水分生产力 （千克/米³）	比 2011 年变化量 （千克/米³）	比 2011 年变化率 （％）
河南	2.023	−0.038	−1.86
山东	1.621	−0.112	−6.45
辽宁	1.311	0.024	1.88
吉林	1.423	0.035	2.53
黑龙江	0.917	0.007	0.82
江苏	0.974	0.020	2.08
安徽	1.377	0.106	8.30
江西	1.112	0.059	5.61
湖北	1.115	−0.051	−4.39
湖南	1.358	0.033	2.46
四川	1.138	−0.012	−1.03

江苏粮食水分生产力 0.974，比 2011 年增加 0.020，增幅 2.08％。安徽粮食水分生产力 1.377，增加 0.106，增幅 8.30％。江西粮食水分生产力 1.112，比 2011 年增加 0.059，增幅 5.61％。湖北粮食水分生产力 1.115，比 2011 年减少 0.051，减幅 4.39％。湖南粮食水分生产力 1.358，比 2011 年增加 0.033，增幅 2.46％。四川粮食水分生产力 1.138，比 2011 年减少 0.012，减幅 1.03％。

（二）粮食水分生产力和粮食单产

农业用水和粮食单产之间关系密切，总体上，粮食单产越高，粮食水分生产力越高（图 4-1）。本报告中计算的粮食单产是用四种粮食作物的总产除以四种粮食作物的总播种面积。

2012 年全国粮食单产 5.63 吨/公顷，水分生产力 1.030 千克/米³。华北粮食单产 5.62 吨/公顷，水分生产力 1.449 千克/米³。东北粮食单产 5.84 吨/公顷，水分生产力 1.092 千克/米³。

东南粮食单产 5.89 吨/公顷，水分生产力 1.029 千克/米³。西南粮食单产 5.19 吨/公顷，水分生产力 0.849 千克/米³。西北粮食单产 5.00 吨/公顷，水分生产力 0.496 千克/米³。

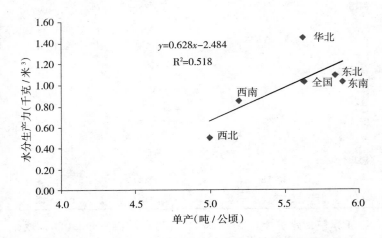

图 4 - 1　2012 年全国和分区粮食水分生产力和粮食单产关系

　　13 个粮食主产省中，河北省粮食单产 5.40 吨/公顷，水分生产力 1.310 千克/米³。内蒙古粮食单产 5.23 吨/公顷，水分生产力 0.924 千克/米³。河南粮食单产 5.76 吨/公顷，水分生产力 2.023 千克/米³。山东粮食单产 6.24 吨/公顷，水分生产力 1.621 千克/米³。辽宁粮食单产 6.57 吨/公顷，水分生产力 1.311 千克/米³。吉林粮食单产 7.47 吨/公顷，水分生产力 1.423 千克/米³。黑龙江粮食单产 5.02 吨/公顷，水分生产力 0.917 千克/米³。江苏粮食单产 6.45 吨/公顷，水分生产力 0.974 千克/米³。安徽粮食单产 5.10 吨/公顷，水分生产力 1.377 千克/米³。江西粮食单产 5.80 吨/公顷，水分生产力 1.112 千克/米³。湖北粮食单产 6.16 吨/公顷，水分生产力 1.115 千克/米³。湖南粮食单产 6.27 吨/公顷，水分生产力 1.358 千克/米³。四川粮食单产 5.65 吨/公顷，水分生产力

1.138千克/米³。

（三）灌溉水与降水贡献率

在粮食生产中所消耗的水，既包括灌溉水也包括降水。通过计算灌溉水和降水贡献率，可以对区域粮食生产中灌溉水和降水起到的作用进行定量评价，为进一步提高灌溉水和降水的利用效率提供决策参考依据。

2012年全国粮食生产中灌溉水（蓝水）贡献率40.4%，耕地有效降水（绿水）贡献率59.6%（图4-2）。2011年全国粮食生产中灌溉贡献率40.1%，降水贡献率59.9%。

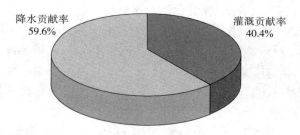

图4-2 2012年全国粮食生产灌溉贡献率和降水贡献率

2012年全国耕地有效降水总量比2011年增加500.8亿米³，增幅10.81%。全国耕地灌溉水总量比2011年增加2.6亿米³，增幅0.08%。降水贡献率上升与本年度耕地有效降水总量增加相符合。

五、结　语

与2011年相比，2012年全国降水量增加18.2%，水资源总量增加27%，耕地降水总量增加11.8%，耕地灌溉总量增加 0.07%；广义农业水资源总量增加 6.63%，其中耕地降水绿水占 58.4%，耕地灌溉蓝水占 41.6%。2012 年全国降水量、水资源总量比 2011 年都有较大幅度的提高。与粮食生产密切相关的广义农业水资源量的增幅是降水量增幅的 1/3 左右。在这种农业水资源条件下，2012 年，全国粮食总产54 393.0 万吨，比 2011 年增加 3.47%，单产 5.63 吨/公顷，增幅 2.56%。粮食生产总耗水量 5 281.5 亿米³，增幅1.81%。粮食耗水增加幅度小于粮食总产的增幅，说明粮食水分生产力有所提高。2012 年粮食水分生产力 1.030 千克/米³，增幅 1.64%。全国 13 个粮食主产省中，9 个省的水分生产力提高，河南、山东、湖北、四川下降。

分区考察，华北降水量比 2011 年增加 9.6%，水资源总量增幅 3.2%。华北耕地降水量却减少 1.72%，耕地灌溉量减少 7.15%，广义农业水资源量减少 3.49%。同年，粮食播种面积增加 1.09%，粮食总产增加 2.94%。粮食总耗水量增加1.92%，粮食水分生产力提高 1.00%。

东北降水量比 2011 年增加 42.0%，水资源总量增加49.1%。耕地降水量比 2011 年增加 40.0%；耕地灌溉量减少8.9%，广义农业水资源量增幅 18.7%。同年，粮食播种面积增加 1.41%，总产增加 3.69%，单产增幅 2.25%，粮食耗水总量增加 2.33%，水分生产力增加 1.33%。

东南降水量比 2011 年增加 35.1%，水资源总量增加52.2%。耕地有效降水量增加 16.2%，耕地灌溉量减少0.4%，广义农业水资源增加 7.92%。同年，粮食播种面积增加 0.6%，粮食总产增加 2.44%，总耗水量增加 0.1%。粮食单产提高 1.93%，水分生产力提高 2.34%。

西南降水量比 2011 年增加 9.6%，水资源总量则增加了11.6%。耕地有效降水增加 7.64%，耕地灌溉增加 2.34%，广义农业水资源量增加 5.86%。同年，粮食播种面积减少

0.02%，总产增加 4.96%，单产提高 4.98%。总耗水增加 0.93%，粮食水分生产力提高 3.99%。

　　西北降水量比 2011 年增加 2.0%，水资源总量减少 0.4%。耕地有效降水减少 4.36%，耕地灌溉增加 14.2%，广义农业水资源量增加 7.81%。同年，粮食播种面积增幅 1.67%，总产增加 7.26%，粮食单产增加 5.50%。总耗水量增加 6.01%，粮食水分生产力提高 1.18%。

附录　名词解释

广义农业水资源：指进入到耕地能够被作物利用的总水量，是耕地灌溉水量和耕地有效降水量之和。

蓝水：降水直接或间接进入河道和天然水体形成的可以调用的水资源。

绿水：降水直接或间接进入土壤形成有效储存，可逐步提供给作物吸收利用的水资源。按照"一块耕地对应一块天"的原理，扣除蒸发、径流、入渗等的损失量。本报告采用水文模型耦合统计数据的方法进行计算。

水土资源匹配：指单位土地面积所享有的水资源量。

已建成水库座数：指在江河上筑坝（闸）所形成的能拦蓄水量、调节径流的蓄水区的数量。大型水库是指总库容在 1 亿米^3 及以上的水库；中型水库的总库容在 1 000 万（含 1 000 万）到 1 亿米^3 的水库；而小型水库是指库容在 10 万（含 10 万）到 1 000 万米^3 的水库。

主 要 参 考 文 献

水利部.2010.2009 年中国水资源公报［M］.北京：中国水利水电出版
　社.

水利部.2011.2010 年中国水利统计年鉴［M］.北京：中国水利水电出
　版社.

李保国，彭世琪.2009.1998—2007 年中国农业用水报告［M］.北京：
　中国农业出版社.

李保国，黄峰.2010.1998—2007 年中国农业用水分析——方法、应用和
　政策建议［J］.水科学进展，21（4）：575 - 583.